저자 **최중오**

- 이학박사
- 유튜브 크리에이터 "수학귀신"

수학의 골든타임

초판인쇄 2020년 1월 31일
초판발행 2020년 1월 31일

저 자	최중오
펴 낸 곳	지오북스
주 소	서울 중구 퇴계로 213 일흥빌딩 408호
등 록	2016년 3월 7일 제395-2016-000014호
전 화	02)381-0706 ǀ 팩스 02)371-0706
이 메 일	emotion-books@naver.com
홈페이지	www.geobooks.co.kr

ISBN 979-11-87541-75-2
값 19,000원

이 도서의 국립중앙도서관 출판예정도서목록(CIP)은 서지정보유통지원시스템 홈페이지(http://seoji.nl.go.kr)와 국가자료공동목록시스템(http://www.nl.go.kr/kolisnet)에서 이용하실 수 있습니다. (CIP제어번호 : CIP2019052285)

이 책은 저작권법으로 보호받는 저작물입니다.
이 책의 내용을 전부 또는 일부를 무단으로 전재하거나 복제할 수 없습니다.
파본이나 잘못된 책은 바꿔드립니다.

　<<수학의 골든타임>>은 첫째 딸 정윤이와 함께 했던 "아빠표 수학"에 대한 기록입니다. 무려 5년 동안이나 이어진 '수포자 탈출기'라고도 할 수 있는데요.^^ 아빠로서 아이의 성장을 지켜볼 수 있었던, 그래서 너무도 행복하고 자부심이 느껴지는 시간이었습니다.

　정윤이의 상처받은 수학 자존감은 치유되었고, 고등학생이 된 지금은 수학뿐만 아니라, 모든 교과에서 최상위 성취도를 보여주고 있습니다. 지금도 자신이 세운 학습계획에 따라서 자기주도학습을 이어가면서 하루하루 성장하고 있고요.

· · ·

만약에~
정윤이의 학습결손이 방치되었다면 어땠을까?

　생각만 해도 아찔합니다.
　초등학교 3학년 꼬마 아이가 하는 말을 흘려들었다면, 지금과 같이 높은 자존감과 학업성취는 불가능했을 겁니다.
　"난 수학 못해!"
　당시의 저는 부족하고, 또 무심한 아빠였습니다. 직장에 다니면서 파트타임으로 공부해서 수학박사 학위를 받았고, 일주일에

2~3일은 대학에서 강의를 했습니다. 참 열심히? 살던 시절이었는데요. 그럼에도 틈틈이 시간을 내어서 아이들과 놀아주는 걸로 생색을 냈습니다.

'세상에 나 같은 아빠가 어디에 있어?'

지금 생각하면 참 어리고, 또 어리석었습니다. 그런데, 그 와중에도 한 가지 잘한 게 있는데요. 정윤이의 말을 흘려듣지 않았다는 겁니다. "난 수학 못해!"라는 말에서, 학습결손으로 인한 자존감의 상처를 느낄 수 있었거든요. 수학을 안 하겠다고 강하게 주장하면 할수록, 그 상처가 크다는 것도 알았고요.

수학 교육과정은 계열적 구조로 구성되어 있습니다. 하나의 학습결손은 절대 그 하나로 끝나지 않고, 반드시 연관된 개념에서의 학습결손을 동반합니다. 결국에는 학습결손이 누적될 수밖에 없는 구조로 편성되어 있습니다.

・・・

어떤 학습결손도 방치하면 안 됩니다!

제가 "아빠표 수학"을 한다니까, 주변에 있는 분들이 모두 말렸습니다. 자기 자식을 직접 가르치면, 결국에는 서로 관계만 나빠진다는 말을 많이 들었는데요. 대부분 공감이 가는 말들이었습니다. 사실, 많이 힘들기도 했고요.

하지만, 아이를 학원에 보내거나 과외를 시키고 싶지는 않았습니다. 수학의 의미와 가치도 모른 채, 문제 풀이 위주로 수업을 할 것이 분명하기 때문이었는데요. 제가 생각하는 올바른 수학 공부는 "수학 개념의 완벽한 이해"였습니다. 수학 개념의 완벽한 이해만이, 정윤이의 수학 자존감을 높여 줄 수 있으니까요. 아빠표 수학의 목표는 처음부터 정윤이의 수학 자존감을 높여 주는 거였습니다.

. . .

수학 공부의 핵심은
수학 개념을 완벽하게 이해하는 것입니다.

수학 개념을 완벽하게 이해하는데 집중하면, 수학 공부가 그다지 어렵거나 힘들게 느껴지지 않습니다. 처음에는 어려워 보이는 수학 개념도 설명을 듣고, 예제와 쉬운 문제를 풀면 대부분 이해가 되거든요. 어려운 문제는 반복 학습 과정에서 조금씩 풀면 되고요. 수학 개념을 완벽하게 이해하고, 반복 학습을 통해 익숙해진 후에는, 어려운 문제의 풀이가 그렇게 부담되지도 않습니다.

. . .

올바른 수학 공부법의 3가지 핵심은
예습! 수학노트정리! 반복 학습!

올바른 수학 공부 방법을 알면 누구나 적은 시간을 투자하고도, 최상위의 성취도를 얻을 수 있습니다. 여기에 한 가지, 꼭 기억해야 할 것이 있는데요. 수학 공부의 가장 중요한 목적은 "아이의 수학 자존감을 높여 주는 것"이라는 점입니다. 이 점을 분명하게 이해하지 못하면, 의미 없는 문제 풀이에 시간을 낭비하면서 아이의 자존감에 상처만 키울 수 있습니다.

수학 개념의 완벽한 이해에 집중하면서 올바른 수학 공부 방법을 적용하면, 아이의 수학 자존감도 키우고 수학 성취도도 높일 수 있습니다. 여기에 더하여, 부모로서 느끼는 보람과 행복을 보너스로 얻을 수 있습니다.

1부 아빠표 수학

수포자였던 첫째 아이	14
아빠표 수학	41
자발적 수포자	72
수학의 골든타임	78

2부 수포자 탄생

전 수포잔데요! 86
수학을 포기하는 이유 97
한 번 수포자는 영원한 수포자?! 105

3부 非수포자

수포자와 非수포자의 공통점!	118
전 수학에 재능이 없나 봐요!	125
완벽한 수학 공부법	138
언제까지 버틸 수 있을까?	150
현명한 수포자?!	156
수학을 포기하는 수학영재들!!	160

4부 수학이란 무엇인가?

수학이란 무엇인가?	166
數學과 Mathematics	170
세계 4대 문명과 수학	176
고대 그리스시대의 수학	182
수학의 의미와 가치	190
데카르트가 가져온 수학의 혁명	194

5부 수학 자존감을 높이는 공부 방법

수학 자존감	204
미래사회와 수학	208
올바른 수학 공부 방법	216
하루 30분 수학 공부법	222
시험은 '스킬'이다!	227

6부 수학의 골든타임

수학의 골든타임	232
취학 전 – 학습지, 구구단	234
초1 – 길이, 넓이, 무게, 양	240
초1 – 두 자리 숫자의 뺄셈	243
초2 – 구구단	248
초3 – 분수	255
초3 – 두 자리 수의 나눗셈	263
초4 – 분수의 덧셈과 뺄셈	268
초4 – 소수(두 자리 수, 세 자리 수)	277
초5 – 약수와 배수, 공약수와 최대공약수, 공배수와 최소공배수	283
초5 – 분수의 덧셈과 뺄셈(통분)	287
초5 – 분수와 소수의 곱셈	293
초6 – 분수와 소수의 나눗셈	300

초6 – 원의 넓이(원주율)	303
중학교 수학 – 전체가 수학의 골든타임	317
중1 – 좌표평면과 그래프	321
중1 – 작도와 합동	330
중2 – 일차함수와 그 그래프	338
중2 – 삼각형의 성질	344
중3 – 근의 공식	349
중3 – 삼각비(Sin, Cos, Tan)	354
고1 – 고등학교 수학	360
고1 – 여러 가지 방정식과 부등식	365
고1 – 합성함수와 역함수	369
고2 – 미분과 적분	377

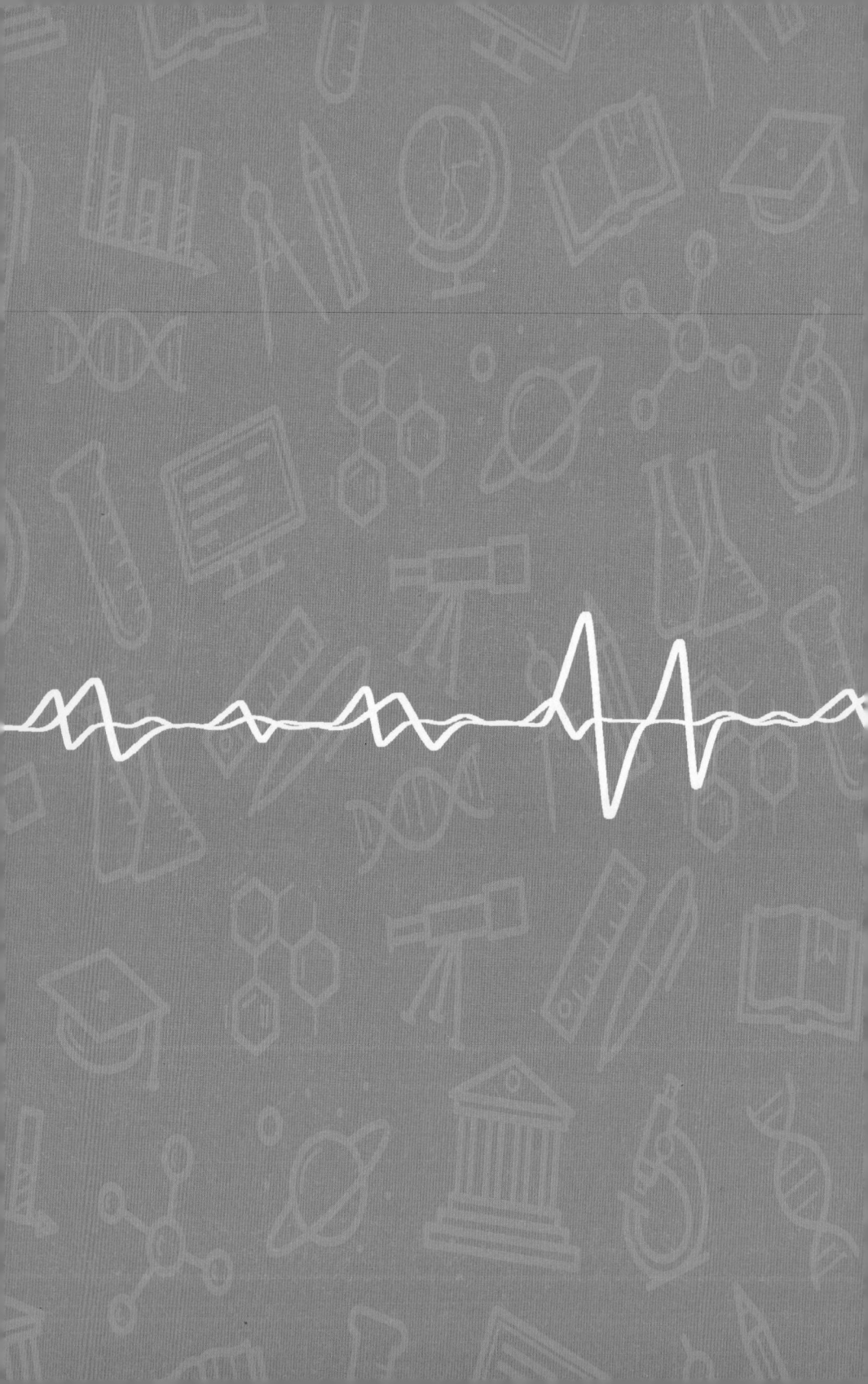

1부

아빠표
수학

수포자였던 첫째 아이

    제게는 세 살 터울의 두 딸이 있습니다. 첫째는 정윤, 둘째는 소윤인데요. 가까이 사시는 장모님이 아이들을 돌봐주신 덕분에, 맞벌이 부부임에도 큰 어려움 없이 아이들을 기를 수 있었습니다.

    정윤이가 놀이방을 거쳐 유치원을 졸업하고, 초등학교에 입학하던 날은 지금도 또렷하게 기억하고 있습니다. 아마도 자식을 키우는 부모라면, 아이가 초등학교에 입학하는 날을 잊을 수가 없을 거예요. 아이가 태어나서 초등학교에 입학하기까지의 7년은 행복하면서도, 정말 힘겨운 시간이거든요.

    어른들이 들으면 웃을 일이지만, 아이가 초등학교에 입학하는 모습을 보면서 '이제 다 키웠다!'라는 생각이 들기도 했는데요.^^ 하지만 그건 초보 부모들의 흔한 착각이었습니다. 아이가 초등학교에 진학하는 순간부터, 이전에는 경험해보지 못한 새로운 난관의 연속이었거든요.

초등학교 저학년이 학교생활을 할 때 가장 중요한 것은 교우관계, 즉 친구 사귀기인데요. 이것이 정말 어렵습니다. 특히, 신도시 아파트단지에 있는 학교의 경우는, 친구를 사귀는 것이 아이들만의 문제가 아니더군요.

언제부터인가, 학교에 갔던 정윤이가 울면서 집에 오는 날이 점점 늘었습니다.

'왜 그래, 친구랑 싸웠어?'

이유를 물어봐도 제대로 말을 못하고, 서럽게 울기만 했습니다. 나중에야 정윤이가 우는 이유를 알게 되었는데요. 그 이유를 듣고는 서글프기도 했고, 어떻게 해야 할까 고민도 많이 했습니다.

학교가 끝나면 몇몇 엄마들이 자기 아이들을 데리고 학교 근처에 있는 공원으로 놀러 가곤 했는데, 엄마가 직장에 다니는 정윤이는 그 무리에 낄 수가 없었던 거예요. 맞벌이 부부의 애환이라고나 할까요?!

고민 끝에 아내가 1년간 휴직을 했습니다. 그 후 1년간 아내의 직장은 공원과 카페였고요. 아내가 복직한 이후에는 제가 최대한 일찍 퇴근해서, 아이를 데리고 공원에 가서 놀았습니다. 덕

분에 정윤이 친구들 이름도 알게 되었고, 몇몇 엄마들하고는 인사도 하면서 지내게 되었습니다.

정윤이가 초등학교 3학년이었을 때의 일인데요.
4~5명의 친구들을 집으로 데려온 적이 있습니다. 처음 보는 아이들은 인사하면서 이름을 물어봤는데요. 정윤이가 친구들 중에 한 아이를 가리키면서 이렇게 말하는 거예요.
"얜 수학 정말 잘해!"
이제 겨우 초등학교 3학년인데, 친구들 사이에선 벌써 수학을 잘하는 아이와 못하는 아이로 구분하는 것이 조금 놀라웠습니다.
'어 그래! 정말 대단하다!'
아이에게 칭찬을 해주면서, 별생각 없이 정윤이에게 물어봤습니다.
'정윤인 어때?'
"난 수학 못해!"
아직도 그날 정윤이가 했던 말이 또렷하게 기억납니다. 솔직히 이렇게나 어린 나이부터, 수학에 대한 부정적인 자아개념을 가질 수 있다고는 생각하지 못했거든요.
1학년 때 친구 관계로 힘들어하던 아이가, 이제는 친구들하고 잘 어울리는 것만으로 만족하고 있었습니다. 수학 공부는 초등학교 6학년 때쯤부터 시작해도 충분할 거라 생각했고요. 아무래도 초등학교 수학과 중학교 수학의 차이가 크다 보니, 중학교에 입학하기 전에 중학교 수학을 미리 공부할 필요가 있습니다. 그런데 이제 겨우 초등학교 3학년인 정윤이가 "나는 수학을 못하는 아이!"라는 부정적인 자아개념을 가지고 있었던 거예요.

수학 교육과정은 계열적 구조로 편성되어 있습니다. 이전 학년에서 배운 내용을 바탕으로, 다음 학년의 수학을 이해할 수 있는 구조인데요. 이로 인해, 하나의 학습결손은 연관된 수학 개념의 학습결손을 동반하게 됩니다. 이것이 수학에 대한 부정적인 자아개념을 긍정적으로 바꾸기 어려운 이유인데요. 예상했던 것보다 빠른 시기에 만들어진 부정적인 자아개념에, 약간의 충격과 위기의식을 느꼈습니다.

・・・

난 수학 못해!

정윤이의 말이 하루 종일 머릿속을 맴돌더군요. 아이의 이야기를 들어봐야겠지만, 제 경험에 미루어볼 때 수학에서 학습결손을 경험한 것은 분명해 보였습니다. 정확하게는, 여러 번에 걸친 학습결손의 누적으로 인해 수학 자존감에 커다란 상처를 입었을 가능성이 높았습니다.

당시의 저는 스스로 수학교육 전문가라는 자부심?을 가지고 있었습니다. 수학과 영재교육 관련 논문 8편을 등재 학술지에 게

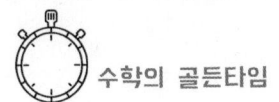

재했고, 2000년부터 대학교 부설 영재교육원에서 수학영재들을 가르치고 있었거든요. 순수수학으로 박사학위도 받았고요. 밖에서는 수학교육 전문가로 활동하면서도 정작 자기 딸이 수학에서 학습결손이 누적되고, 이로 인해 수학 자존감에 큰 상처를 받은 것을 몰랐던 거예요. 자신이 한심하게 느껴지더군요. 정윤이에게 미안한 마음도 들었고요.

다음날 저녁, 나름 자연스럽게 보이도록 애쓰면서 정윤이에게 넌지시 물어봤습니다.
'수학 공부는 할 만해?'
먼저 정윤이의 이야기를 들어보고 싶었던 건데요. 제가 예상했던 것보다 상황이 더 심각했습니다. 단순히 '난 수학 못해!' 정도가 아니었어요. 정윤이가 했던 말이 정확하게는 기억나지 않지만, 대략 다음과 같았습니다.
"난 수학이 싫어!"
"수학 공부 안 할 거야!"
한 번 상처 입은 수학 자존감을 아이 혼자 힘으로 회복하기는 어렵습니다. 정윤이처럼 이미 수학에 대한 부정적인 자아개념이 생긴 이후에는, 이를 되돌리는 것이 더욱 어렵고요. 그렇다고 방법이 없는 것은 아닙니다.
수학에 대한 부정적인 자아개념은 학습결손, 즉 '수학 개념 이해의 실패'나 '문제 풀이의 실패'가 반복되면서 생긴다는 것에 주목하면, 해결 방법을 찾을 수 있습니다. 반대로, 수학 개념의 완벽한 이해와 문제 풀이의 성공 경험을 반복하여 만들어 주면, 수학에 대한 자존감을 높일 수 있거든요!

수학 개념의 완벽한 이해와 문제 해결의 성공 경험들이 누적되다 보면, 수학에 대한 부정적인 자아개념을 긍정적으로 바꾸어 줄 수 있습니다. 매우 당연해 보이겠지만, 아이의 수학 자존감을 높이기 위한 핵심적인 내용이 여기에 담겨 있습니다. 상처 입은 수학 자존감을 치유해 주기 위해서는 학습결손이 누적된 횟수 이상으로, 수학 개념의 완벽한 이해와 문제 풀이의 성공 경험을 반복해서 제공해 주어야 합니다!

• • •

아이에게 필요한 것은
수학 개념의 완벽한 이해와 문제 풀이의 성공 경험입니다!

저는 정윤이에게 작지만, 반복적인 수학의 성공 경험을 만들어 주고 싶었습니다. 수학의 특징에 맞는 올바른 수학 공부법도 알려주고 싶었고요. 하지만, 아이의 공부를 아빠의 결심이나 의지만으로 할 수 있는 건 아니잖아요. 무엇보다 아이의 동의와 자발적인 참여가 필요합니다. 아이를 억지로 책상에 앉게 만들 수는 있지만, 그렇게 해서는 공부도 안될 뿐만 아니라, 서로 관계만

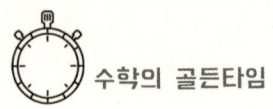

나빠질 뿐입니다.

정윤이가 먼저 수학을 가르쳐달라고 말해주면 좋겠지만, 그럴 가능성은 없어 보였습니다. 아무래도 제가 먼저 수학 공부 이야기를 꺼내고, 아이가 동의하는 과정을 거쳐야 했는데요. 이게 정말 어렵습니다. 섣부르게 이야기를 꺼냈다가 아이가 완강하게 거절하면 큰 낭패잖아요.

• • •

수학 자존감에 상처 입은 아이가
수학 공부를 다시 시작한다는 것은 결코, 쉽지 않은 일입니다.

정윤이에게 수학은 어렵기만 하고 재미도 없는, 그래서 공부하기 싫은 과목일 테니까요. 더욱이 "난 수학 못해!"라는 부정적인 자아개념을 가진 아이가 수학 공부를 다시 시작한다는 것이 쉬울 수는 없습니다.

'아빠하고 일주일에 하루, 30분씩만 공부해 볼래?'

아이가 기분이 좋아 보이는 날에 다시 물어보았는데요. 이번에도 대답에 망설임이 없더군요.

"싫어! 안 한다니까!"

당시 제 머릿속에 '수포자'라는 단어가 떠올랐습니다. 그 때까지만 해도 초등학생 중에 수포자가 있을 거라는 생각은 해 본 적이 없었습니다. 초등학교 때는 친구들하고 재밌게 놀면 되는 거잖아요. 수학 공부는 중학교에 올라가서 시작해도 충분하고요. 그런데 초등학교 3학년인 정윤이가 말로만 듣던 수포자가 되어 있었습니다.

정윤이가 "수학이 어려워!" 정도의 대답을 했더라면, 저는 그다지 걱정을 하지 않았을 겁니다. 오히려 '괜찮아, 수학은 중학교에 올라가서 시작해도 충분해!'라면서 호기?를 부렸을 거예요. 그런데 수학이 싫고, 또 공부를 안 할 거라는 거잖아요. 이대로 두면 초등학교, 중학교, 고등학교 12년 동안 수포자로 지내야 하는 걸 잘 알고 있었기 때문에, 저의 고민은 깊어질 수밖에 없었습니다.

수포자가 된다는 것은, 단순히 '수학을 못한다.'는 것과는 차원이 다른 문제입니다. 수학 수업은 초·중·고등학교 12년 동안, 매주 평균 4시간씩 진행되는데요. 그 모든 시간에 선생님의 설명을 전혀 알아듣지 못할 겁니다. 아이는 수학 시간마다 엎드려 있거나, 딴짓?을 할 거고요. 수학 시간뿐만 아니라, 학교생활에서도 심리적으로 크게 위축될 수밖에 없을 겁니다.

수포자가 겪는 어려움은 12년 동안의 학교생활에만 국한되지 않습니다. 대학진학이나 전공 선택, 장래 직업의 선택에서도 많은 제약을 받을 테니까요. 하지만 저는 무엇보다 아이가 감당해야 할 '자존감의 상처'가 걱정이 되었습니다. 그럼에도 정윤이에

게 수학 공부를 강요하진 않았는데요. 수학 공부는 본인의 의지와 자발성이 중요하기 때문입니다. 정윤이의 이야기를 충분히 들어보고 싶기도 했고요. 아직 어리다 보니, 선물이나 용돈으로 협상?이 가능할 거라는 막연한 기대도 있었습니다.

주말이나 방과 후에 아이가 좋아하는 간식을 함께 먹으면서, 학교생활이나 친구관계에 대해 많은 이야기를 나눴습니다. 그 과정에서 이미 초등학교 1학년 때부터, 추상적인 개념인 '수$_{number}$'를 이해하는데 어려움을 겪었다는 것을 알았고요. 최근에는 3학년에서 배우는 '분수$_{Fraction}$' 개념의 이해와 연산에서 학습결손을 겪고 있다는 것도 알게 되었습니다.

• • •

많이 힘들었겠다!

이유야 어찌 됐든, 지금까지 도움을 주지 못한 것에 대해 미안하다고 사과했습니다. 그리고 지금부터라도 수학 공부를 도와주고 싶다는 말을 했는데요. 정윤이는 그때까지도 가타부타 말을 하지 않았습니다.

정윤이의 학습결손을 해결하기 위한 방법으로 학원이나 과외, 학습지는 처음부터 고려하지 않았습니다. 사교육의 효과를 부정하는 건 아닙니다. 학습량이 많고 항상 시간에 쫓기는 고등학생의 경우에는, 사교육을 통해 효율적인 학습이 가능하다고 생각합

1부 아빠표 수학

니다. 하지만, 초등학생이나 중학생의 경우에는, 문제 풀이 중심으로 진행하는 사교육은 아이의 수학 자존감 높이기에 적합하지 않습니다.

정윤이와 산책을 하거나 간식을 먹을 때, 이런저런 이야기를 나누면서 기회를 엿봤는데요. 기분이 좋을 때를 골라서 눈치껏 정윤이를 꼬셨습니다.

'수학은 정말 별거 아냐!'
'공부 방법만 알면, 누구나 수학을 잘할 수 있어!'

한 달 정도 시간이 흘렀던 것 같은데요. 드디어 정윤이에게서 기다리던 대답을 얻었습니다.

・・・

한 번 해볼까!

당연히 저도 '그래, 해보자!'고 말했고요.^^

이때를 놓치지 않고, 정윤이에게 친구들과 함께 공부하는 게 어떻겠냐고 제안했습니다.

'아무래도 아빠와 둘이서만 공부하면, 이런저런 이유로 자주 빼먹거나 미루게 될 것 같아!'

이 말도 틀린 건 아니지만, 중요한 이유는 다른 곳에 있었습니다. 아이와 둘이서만 공부하다 보면, 아이에게 화를 내거나 윽박지르는 일이 생길 것 같았거든요.

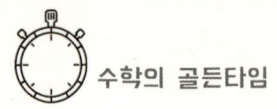

아이를 직접 가르치는 부모님이라면 누구나 경험하게 되는 일인데요. 아이가 지금 공부하는 것만으로도 칭찬받을 일이라는 걸 잘 알면서도, 집중하지 못하고 딴짓하거나 쉬운 내용도 이해하지 못하면 화가 나기 마련입니다. 결국, 자신의 화를 참지 못하고 아이를 혼내는 일들이 자주 발생하는데요. 이렇게 되면 수학을 좋아하게 만들기는커녕, 부모와 자식 간의 관계만 나빠지게 됩니다.

반면에 여럿이 함께 공부하면 장점이 많습니다.

물론 아이들 사이의 보이지 않는 경쟁심과 비교의식은 피할 수가 없지만, 적당한 긴장감과 함께하는 즐거움은 공부를 장기간 지속하는데 많은 도움을 줍니다. 더욱이 학원수업처럼 매주 정해진 요일과 시간에 수업을 해야 한다는 것도 장점이라고 할 수 있습니다. 함께 공부하는 아이들에 대한 책임감이 있으니까요. 규칙적인 수업으로, 진도와 학습량을 정확하게 예측할 수도 있습니다.

"그냥 아빠랑 둘이서만 하면 안 돼?"

수학에 자신이 없다 보니, 친구들과 비교될까봐 걱정하는 눈치였는데요. 당연히 예상했던 반응이었습니다. 자기는 수학을 못하는데, 친구들이 잘하면 비교될 수밖에 없잖아요.

• • •

때론~ 협상이 필요합니다.^^

1부 아빠표 수학

일단 혼자 공부할 때와 함께 공부할 때의 장단점을 설명해 줬습니다. 그럼에도 친구들과는 하기 싫다고 고집을 부렸는데요. 충분히 이해할 수 있었습니다. 저 같아도 싫었을 테니까요. 이럴 땐, 협상?이 도움이 됩니다. 정윤이도 다른 아이들처럼 갖고 싶은 것, 먹고 싶은 것, 하고 싶은 것들이 많을 테니까요. 친구들과 함께 공부한다고 하면, 원하는 것을 들어 줄 수 있다고 이야기했습니다. 다음은 제가 약속한 내용인데요. 지금 생각해보면 좀 과하다 싶을 정도로 선물을 제시했습니다.

'공부할 때마다 피자, 치킨, 떡볶이 등 간식 제공!'
'책을 한 권 끝낼 때마다 정윤이가 원하는 선물 사주기!'
'공부하는 기간에 용돈 추가 지급!'

협상은 의외로 쉽게 타결됐습니다. 저와 정윤이 모두 협상 결과에 만족했고요.^^ 정윤이 입장에서는 자신이 원하는 선물을 얻기 위해 수학 공부를 하겠다는 거였는데요. 하지만 여기에는 수학 공부가 성공적으로 진행될 수 있는 핵심요인이 숨어 있습니다.

· · ·

공부는 스스로의 선택과 의지가 필요합니다!

비록 선물과 용돈이 정윤이의 마음을 움직였지만, 정윤이 스스로 수학 공부를 시작하기로 '선택'한 겁니다. 다른 것도 마찬가지겠지만, 어렵고 힘든 수학 공부를 지속하기 위해서는 자신의

선택과 의지가 무엇보다 중요합니다.

초등학교 3학년 겨울방학부터 3명의 친구와 함께 수학 공부를 시작했고, 이후 5년 동안 제 삶에서 가장 행복하고 보람 있는 '아빠표 수학'을 진행했습니다.

단순히 지식을 전달하고 문제해결력을 기르는 것이 아니라, 아이들의 수학 자존감을 높여 주는 것을 목적으로 정했고요. 저도 수업 준비에 많은 시간과 노력을 쏟아부었습니다. 각 학년에서 배우는 중요한 핵심개념들을 선별하고, 다른 학년과의 연계성을 고려하여 수업내용을 재구성했습니다.

각 단원의 핵심개념들은 책의 마지막 장인 "수학의 골든타임"에서 소개하는 수학 개념들과 대부분 일치합니다. 아이들이 이해하기 어려워하는 수학 개념들은 쉬운 예제를 풀면서 두세 번 반복 학습을 했는데요. 이 과정에서 아이들은 '수학 개념의 완벽한 이해'와 '문제 풀이의 성공 경험'을 쌓을 수 있었습니다.

• • •

일주일에 두 번,
하루 30분 수학 공부!

첫날은 오리엔테이션?을 겸해서 아이들과 부모님들이 함께 모였습니다. 몇 번 하다가 끝낼 일이 아니었기에, 어느 정도의 설명이 필요하다고 생각했기 때문인데요. 다들 놀이터나 카페에서 자주 보던 분들이라 그 자리가 특별하다고 생각하지는 않는 것 같았습니다.

인사를 하고, 약간은 비상식적?으로 보이는 수학 공부계획을 설명하기 시작했는데요. 일주일에 두 번, 그것도 30분씩만 공부할 예정이라는 제 말에 다들 의아해하던 모습이 기억납니다.

당시에 제가 살던 신도시의 수학학원에서는, 토요일과 일요일 이틀 동안 하루에 5시간씩이나 문제를 풀게 하는 곳도 있었거든요. 그런데 일주일에 두 번, 그것도 하루에 30분씩만 공부한다고 하니, 미심쩍어하는 것도 당연했을 겁니다. 다행히도 친구 아빠인지라, 차마 "말도 안 되는 소리 하지 말라!"고 화를 내지는 않았던 것 같습니다.^^ 제가 정윤이에게 주기로 약속한 선물을 아이들에게도 똑같이 주기로 했고요. 아이들 간식비는 공평하게 분담하는 것으로 합의?를 봤습니다.

이렇게 시작된 아이들과의 공부는 중학교 2학년 여름방학까지 5년 동안, 거의 하루도 빠짐없이 이어졌는데요. 중간에 어려운 일도 있긴 했지만, 모든 아이들이 정말 잘 따라와 줬습니다. 아이들의 수학 자존감이 높아지는 것을 관찰하는 기쁨은, 말로 표현하기 어려울 정도로 컸는데요. 지금도 제가 아빠로서 한 일 중에서 가장 잘한 일은, 5년 동안 진행한 '아빠표 수학'이라고 생각합니다.

자녀를 키우는 부모라면 누구나 자신의 아이를 직접 가르치고

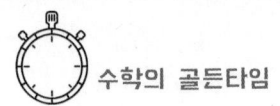

싶은 마음이 있을 겁니다. 수학을 전공하지 않은 부모님도 중학교 수학까지는, 스스로 공부하면서 아이들을 가르칠 수 있고요. 그런데 주변 분들과 이야기를 나눠보면, 자기 자식을 직접 가르치는 것에 대해서는 찬성보다 반대의견이 많습니다.

"하지 마, 괜히 관계만 나빠져!"

수학을 좋아하고, 잘하는 아이라면 굳이 부모님이 가르칠 필요도 없을 겁니다. 하지만 안타깝게도 내 아이는 수학을 싫어하고, 쉬운 문제도 자꾸 틀리잖아요.^^ 잘 놀다가도 수학 공부할 시간만 되면, 갑자기 머리나 배가 아프다고 하고요. 눈으로는 책을 보면서도, 생각은 저 멀리 다른 곳에 가 있습니다. 이 모습을 지켜보는 부모님은, 속에서 치밀어 오르는 화를 꾹꾹 눌러 참고 있다가 한꺼번에 터뜨리게 되는데요. 이런 일들이 반복되다 보면, 부모 입장에서는 아이와의 관계를 걱정할 수밖에 없습니다.

저도 아빠표 수학을 하면서, '이게 정말 어려운 거구나!'하는 생각을 많이 했습니다. 다행히도 처음부터 문제해결능력이나 점수는 고려하지 않았고, 아이들의 수학 자존감 높이기를 가장 중요한 목표로 설정했던 것이, 아이들과의 신뢰를 쌓는 데 도움이 되었던 것 같습니다.

아빠표 수학에 관한 이야기는, 바로 이어지는 장에서 하나의 별도 주제로 자세히 설명할 겁니다. 여기서는 제가 아이들을 가르치면서 가장 강조했던 세 가지 목표를 설명해 드릴게요.

첫째, 수학 자존감 높이기

학습결손에는 두 가지 종류가 있습니다.

하나는 수학 개념을 이해하지 못해서 생기는 학습결손이고, 다른 하나는 문제 풀이의 실패에서 생기는 학습결손인데요. 두 가지 모두 수학 자존감에 부정적인 영향을 줍니다.

그중에서도 수학 개념을 이해하지 못하는 경우는, 연관된 단원을 배울 때 학습결손을 누적시킬 가능성이 매우 큽니다. 학습결손의 누적은 아이의 수학 자존감에 큰 상처를 남기고요. 수학 개념 이해의 실패로 인한 학습결손의 누적이야말로, 아이들을 수포자로 만드는 가장 큰 원인이라 할 수 있습니다.

• • •

수학 공부의 목표는 수학 개념의 완벽한 이해입니다.

수학 공부의 핵심은 수학 개념을 완벽하게 이해하는데 있습니다. 수학 개념을 완벽하게 이해하기 위해서는 예제와 쉬운 문제를 풀어보는 것만으로 충분하고요. 이런 면에서 현재의 수학교육은 대단히 왜곡되었다고 볼 수 있습니다. 공식을 외워서 어려운 문제를 잘 푸는 것이, 수학 공부의 중요한 목표가 되어버렸으니까요. 아빠표 수학의 목표는 수학 개념의 완벽한 이해를 통한 '수학 자존감 높이기'로 정했습니다.

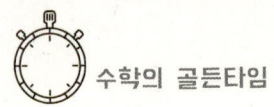

둘째, 수학노트정리

　아빠표 수학의 처음 1년 동안은, 수학노트를 정리하는 습관 만들기에 중점을 두었습니다. 수학 공부는 수학에 익숙해지는 방향으로 진행해야 합니다. 수학에 익숙해지기 위해서는 문자와 기호를 사용하여 풀이 과정을 논리적으로 서술하는 연습을 해야 하고요. 추상적인 수학 개념의 이해, 문자와 기호의 사용, 풀이 과정을 논리적으로 서술하는 것에 익숙해지지 않고서 수학을 잘할 수 있는 방법은 없습니다.

　수학을 공부한다는 것이, 단순히 문제를 푸는 것을 의미하지는 않습니다. 저는 수학 공부를 '문자와 기호를 사용하여 수학 개념이나 풀이 과정을 논리적으로 서술하는 것에 익숙해지는 과정'이라고 생각합니다. 어려운 문제는 수학에 익숙해진 후에 풀어도 충분하고요. 수학에 익숙해지기 위해서는 수학노트에 논리적인 풀이 과정을 손으로 쓰는 습관을 들여야 합니다.

● ● ●

수학 공부는 추상적인 수학 개념을 완벽하게 이해하고,
문자와 기호를 사용하여 풀이 과정을 논리적으로
서술하는 능력을 기르는 것!

　하지만, 수학노트에 정리하는 습관을 만드는 것이 결코 쉽지 않습니다. 대부분의 아이들이 암산에 익숙해져 있거나, 손으로 쓰는 것을 싫어하기 때문인데요. 처음 1년 정도는, 노트에 풀이 과정을 정리하는 습관을 갖도록 지도하는데 중점을 두어야 합니다.

셋째, 시험공부는 스스로 할 것

아빠표 수학을 시작하는 처음부터, 시험공부는 각자 알아서 해야 한다는 점을 분명히 했습니다. 성적은 자신의 선택과 실천에 따라 달라진다는 점을 자주 이야기했는데요. 아이들에게 수학 개념을 완벽하게 이해시키고, 예제와 기본문제를 정확하게 풀 수 있는 능력을 길러주는 것은 저의 책임입니다. 하지만 시험에서 높은 성적을 얻기 위해 시험공부를 하는 것은 어디까지나 아이들의 몫입니다. 시험공부와 성적은 아이들 스스로의 선택과 실천의 문제임을 강조한 것은, 아이들에게 자기주도학습능력을 길러주기 위함이었습니다.

물고기를 주기보다 물고기 잡는 방법을 알려주고 싶었다고 말할 수 있는데요. 직접 시험공부를 시켜주지는 않았지만, 시험공부 방법은 여러 번에 걸쳐서 매우 자세하게 설명했습니다. 성적은 시험공부를 어떻게 하느냐에 따라 달라집니다. 시험에서 높은 성적을 얻기 원한다면, 그에 맞는 시험공부를 하면 되는 겁니다.

• • •

평상시 공부와 시험공부는 달라!

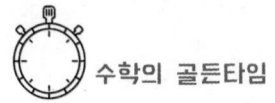 수학의 골든타임

저는 아이들에게 평상시 공부와 시험공부는 다르다는 점을 강조했습니다. 시험공부는 정해진 시간 내에 많은 문제를 정확하게 풀어야 합니다. 긴장감도 높고요. 당연히 시험에서 문제를 푸는 것과 평상시에 문제를 푸는 것이 다를 수밖에 없습니다. 그러니 시험공부는 시험상황에 맞게 준비를 해야 하는 건데요. 시험공부의 핵심은 '반복 학습'과 '모의평가'에 있습니다. 반복 학습을 통해 어려운 문제에 익숙해지고, 모의평가를 통해 긴장도가 높은 시험상황에 적응해야 합니다.

실제 아빠표 수학을 하는 5년 동안, 시험공부는 아이들 스스로 했습니다. 약간의 기복은 있었지만, 아이들의 수학 성적은 꾸준히 상승했고요.

아빠표 수학의 결과가 궁금하시죠?!

저는 결과보다 과정에 중점을 두고 싶은데요. 5년간의 과정이 참 좋았습니다. 지식만 전달한 것이 아니라, 다양한 주제로 이야기를 나눌 수 있었거든요. 처음 1년간은 저도, 아이들도 시행착오를 겪긴 했습니다. 하지만 그 과정에서도 아이들의 수학 자존감은 높아졌고, 나머지 4년은 수학에 대한 성취감과 자존감이 큰 폭으로 성장하는 시간이었습니다.

1부 아빠표 수학

• • •

아빠표 수학을 진행했던 5년은
저와 아이들이 함께 성장하는 시간이었습니다.

정윤이는 중학교를 졸업할 때까지, 영어를 제외하고는 사교육을 받지 않았습니다. 이 때문에 수학전문 학원에 다니는 친구들에게 뒤처진다는 느낌을 받았던 것 같은데요. 아빠표 수학을 하는 5년 동안에도, 학원에 다니는 친구들이 하루에 5시간씩이나 수학 공부한다는 이야기를 들을 때마다 불안감을 토로했습니다.

"아빠! 친구들은 학원에서 주말 이틀 동안 10시간이나 수학 공부한대!"

'수학 공부는 그렇게 하는 게 아냐!'

애들을 잡아두고 문제 풀이만 시키는 건 효과도 없을뿐더러, 금방 지쳐버린다고 설명해도 제 말을 믿으려 하지 않았습니다.

• • •

경쟁에서 뒤처질 것 같아서 불안해!

누가 봐도 학원에 다니는 아이들이 10배는 더 공부하는 것처럼 보입니다. 사정이 이러니, 학원에 다니는 친구들에게 뒤처질 수 있다는 불안감이 생기는 것도 당연한 거고요. 정윤이가 이런

불안감을 완전히 떨쳐버리고 아빠표 수학의 효과를 인정하게 된 것은, 고등학교 1학년 5월에 있었던 교내수학경시대회에 참여한 후였습니다.

중학교 때 수학과 과학을 좋아했던 정윤이는, 본인의 희망에 따라 과학중점학교에 진학했는데요. 과학중점학교는 영재학교나 과학고를 준비했던 아이들이 많았습니다. 그 아이들은 대부분 몇 년 동안 학원에 다니면서 수학경시를 공부했고요.

"수학경시 공부한 애들이 엄청 많데!"

학교에 갔다 온 정윤이가 교내경시대회에 일정을 말하면서 한 이야기인데요. 수학경시 문제는 대부분 기출문제를 조금씩 변형해서 만들기 때문에, 체계적으로 경시준비를 해온 아이들이 유리합니다.

저는 정윤이가 교내수학경시대회에 신청한 것만으로도 정말 기분이 좋았습니다. 수포자였던 정윤이가, 이제는 수학경시대회에 도전할 정도로 자존감이 높아진 거잖아요. 정윤이에게 '수학경시는 학원에 다니면서 별도로 준비한 아이들이 유리하니, 결과가 좋지 않아도 실망하지 말라!'고 말했습니다. 부담 갖지 말고 편하게 보라고도 했고요. 그런데 예상치 못한 결과가 나왔습니다.

• • •

아빠! 나 금상이야!

좀 어리둥절했습니다. 처음 몇 초 동안 정윤이를 멍하니 바라봤던 것 같습니다. 수학경시대회에서 금상을 받을 거라는 기대는 하지 않았기 때문인데요.

'진짜?'

아빠표 수학을 했던 5년 중에서, 가장 많은 시간을 투자했던 것은 고등학교 1학년 수학이었습니다. 수학과 교육과정에서 고등학교 1학년 수학은 중학교 3년 동안의 수학을 심화·복습하는 과정이기도 했고, 고등학교 2, 3학년 수학을 공부하기 위한 기초지식이 되기 때문입니다.

초등학교 4, 5, 6학년, 중학교 1, 2, 3학년 수학은 수학 개념의 완벽한 이해에 중점을 두고, 쉬운 문제만 풀면서 빠르게 진도를 나갔습니다.

"너무 쉬운 문제만 푸는 거 아니에요?"

학원에 다니는 애들은 하루 종일 어려운 문제만 푼다면서, 아이들이 자주 했던 이야기인데요. 남들에게 뒤처질 것 같아 불안해하는 아이들 말이 틀린 것도 아니어서, 제가 한 가지 약속을 했었습니다.

• • •

고등학교 1학년 수학은 세 번 반복 학습할 거야!

'고등학교 1학년 수학을 3번 반복 학습한 다음에, 수학경시문

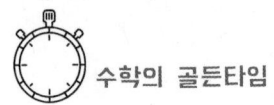
수학의 골든타임

제도 풀어보자!'

수학 공부에 가속도가 붙은 아이들인지라, 고등학교 1학년 수학도 예상했던 것보다 짧은 시간에, 매우 우수한 성취도를 보이면서 마칠 수 있었는데요. 약속했던 수학경시공부를 시작하면서부터는 한 가지 고민이 생겼습니다.

'괜히 어려운 경시문제 풀다가, 수학 자존감에 상처를 받는 건 아닐까?'

그래서 공부 방법을 조금 바꿨습니다. 제가 모든 문제를 풀어주었는데요. 경시문제의 풀이 과정을 자세하게 서술해주고, 아이들은 제가 써준 풀이 과정을 수학노트에 정리하면서, 100% 이해하는 것을 목표로 삼았습니다. 이와 같은 공부 방법은, 문제 풀이의 실패로 인해 자존감에 상처를 받는 것을 피하면서 경시문제의 풀이를 완벽하게 이해하는 즉, 두 마리 토끼를 모두 잡을 수 있는 방법입니다.

정윤이가 썼던 수학경시노트는 지금도 소중하게 간직하고 있습니다. 얼마 전에 정윤이와 함께 수학경시노트를 볼 기회가 있었는데요. 저도 놀랐고, 정윤이도 놀라워했습니다. 3~4년 전의 어렸던 정윤이가 쓴 수학경시노트에는, 최상위 수준의 수학경시문제들의 풀이가 논리적으로 완벽하게 서술되어 있었기 때문입니다.

1부 아빠표 수학

• • •

잘 정리된 수학노트는
아이들에게 자부심과 자신감을 심어줍니다.

정윤이가 교내수학경시대회에서 금상을 받은 날은 정윤이 뿐만 아니라, 저에게도 매우 의미 있고 기쁜 날이었습니다. 물론 이런 결과를 예상하거나, 목표로 설정한 적은 없었습니다. 당연하죠! 정윤이는 수포자였잖아요. 아빠표 수학의 목표도 수학시험에서 100점을 받는 것이 아니라, 아이들의 수학 자존감을 높이는 거였습니다.

"난 수학 못해!"

"수학 공부 안 할 거야"

정윤이는 초등학교 3학년까지 수포자였습니다. 수학시간마다 자존감에 상처를 받으며, 하루하루 힘들어했고요. 그런데 수포자였던 정윤이가 수학을 좋아하게 되고, 고등학교 1학년 때는 교내수학경시대회에서 금상을 받음으로써, 자신의 수학 실력을 인정받게 된 겁니다.

• • •

수포자 탈출 성공!^^

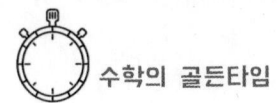

그런데, 놀라움은 여기서 끝나지 않았습니다!

고등학교 1학년 1학기 종합성적에서 총점기준으로, '전교 1등'을 했습니다. 고등학교 2학년이 된 지금까지도 전교에서 최상위 성적을 유지하고 있고요. 정윤이는 스스로 학습계획을 세우고, 자신이 세운 계획을 실천하면서 자기주도학습을 이어가고 있는데요. 수학뿐만 아니라, 다른 교과에서도 매우 높은 수준의 자존감과 성취도를 보여주고 있습니다.

경시대회 금상과 전교 1등은, 정윤이의 선택과 실천의 결과입니다. 저의 목표도 아니었을 뿐만 아니라, 제 노력의 결과라고도 볼 수도 없습니다. 분명한 것은, 이 모든 성취는 정윤이의 높은 수학 자존감이 만들어낸 결과라는 점입니다.

아빠표 수학의 목표는 아이들의 '수학 자존감 높이기'였습니다. 수학 자존감이 높은 아이는 자신의 선택과 실천에 따른 자기주도학습을 하기 때문에 높은 성취도를 보여줄 수 있습니다. 여기에 '올바른 수학 공부 방법'까지 갖추게 되면, 아이의 잠재능력이 발현되는 건 오히려 당연한 겁니다.

엄청난 힘을 가진 기차를 생각해보세요.

강력한 힘에도 불구하고, 역에서 출발할 때는 속도가 느립니다. 어찌 보면 움직임이 둔하게 보이기까지 합니다. 하나의 엔진만으로 수십 칸의 객차를 끌어야 하니까요. 하지만, 점점 속도가 빨라져서 최고속도에 도달하면, 적은 힘만으로도 그 속도를 유지할 수 있습니다.

저는 아이들의 수학 자존감이 기차의 엔진과 같다고 생각합니다. 상처 입은 자존감으로는 무거운 기차를 움직일 수 없습니다. 하지만 올바른 수학 공부법으로 수학 자존감을 높여 주면, 엔진에 힘이 실리고 스스로 움직이기 시작합니다. 속도는 점점 빨라질 것이고, 나중에는 관성의 힘만으로도 빠른 속도를 유지할 수 있게 됩니다.

이후에는 전적으로 아이의 선택과 판단에 맡겨야 합니다. 목적지를 어디로 정할지, 어떤 경로를 거쳐서 목적지로 갈지는 그다지 중요하지 않습니다. 그 목적지가 어디에 있든 상관없이, 아이들이 가고 싶은 곳은 다 갈 수 있으니까요. 저의 역할은 상처 입고, 멈춰있는 엔진을 고쳐주는 겁니다. 엔진이 잘 작동할 수 있도록 녹을 제거하고, 윤활유를 넣어주기도 하고요. 일단 엔진이 가동되면, 아이들이 가지고 있는 힘을 스스로 느끼게 만드는 것은 어렵지 않습니다.

저로서는 수포자였던 정윤이가 '아빠표 수학을 통해서 수학 자존감이 높은 아이로 성장했다.'는 점이 가장 기쁩니다. 지금은 정윤이 자신의 선택과 실천에 따라 강력한 힘을 발휘하는 엔진이 되어있습니다. 아이가 어떤 목적지와 경로를 선택하든, 저는

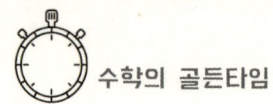 수학의 골든타임

당연히 존중하고 지지할 겁니다. 정윤이와 함께했던 5년 동안의 수학여행은, 아빠로서 받을 수 있는 가장 큰 선물이었고요. 아빠표 수학의 목표는 달성되었다고 생각합니다.

• • •

5년 동안의 아빠표 수학은 성공적이었고,
아빠로서 느낄 수 있는 가장 큰 행복을 얻었습니다!

1부 아빠표 수학

아빠표 수학

올바른 수학 공부는 아이의 수학 자존감을 높여 줍니다. 높은 자존감은 높은 성취로 이어지고요. 누구나 올바른 수학 공부로 수학 자존감과 성취도를 높일 수 있습니다. 제가 생각하는 '아빠표 수학'은, '수학의 특징에 맞는 수학 공부로 아이들의 수학 자존감을 높여 주는 수학 공부'입니다.

아빠표 수학에 관한 이야기를 시작하기 전에, 먼저 해야 할 말이 있습니다. 오해가 있을 것 같아서인데요! 정윤이가 고등학교 1학년에 이룬 성과로 인해서, 제가 진행한 아빠표 수학에 뭔가 대단한 비법?이 숨겨져 있을지도 모른다고 생각하는 분들도 있을 겁니다.

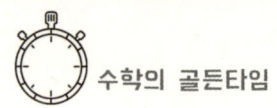

하지만, 특별한 비법은 없습니다. 단지, 의미 없는 문제 풀이가 아니라 수학 개념의 완벽한 이해에 집중했고요. 문자와 기호를 사용하여 풀이 과정을 논리적으로 서술하는 능력을 길러주기 위해 노력했습니다.

• • •

**올바른 수학 공부법으로
아이들의 수학 자존감을 높여 줄 수 있습니다.**

앞에서 설명했듯이 교내수학경시대회 금상이나 전교 1등은 물론이고, 높은 수학 성적은 처음부터 아빠표 수학의 목표가 아니었습니다. 5년 동안, 수학 성적에 관해서는 이야기를 한 적도 없고요. 하지만 한 가지 분명한 것은, 수학 개념을 완벽하게 이해하고 논리적으로 서술하는 것에 익숙해지면, 성적은 당연히 오를 수밖에 없다는 점입니다.

사실 저는 정윤이가 초등학교 다니는 동안에는 공부를 안 해도 된다고 생각했습니다. 초등학교 때는 친구들하고 재밌게 학교생활 하다가, 공부는 중학교에 진학한 이후에 시작해도 충분하다고 생각했거든요. 다른 이유도 있었습니다. 당시에 저는 '굳이 공부가 아니어도 충분히 행복할 수 있다!'는 근거 없는 믿음?을 가지고 있었는데요. 정윤이가 원하고 행복할 수만 있다면, 그것이 굳이 공부가 아니어도 된다고 생각했습니다.

굳이 공부가 아니어도 행복할 수 있다???

지금도 이 생각에는 변함이 없지만, 제가 착각한 부분이 있었습니다. 초등학교 3학년 때의 정윤이는 하고 싶은 게 없었습니다. 특별히 관심 있는 것도 없었고요. 그저 친구들과 놀기 좋아하는 평범한 초등학생이었습니다.

'초등학교 때는 공부를 안 해도 된다!?'

참으로 어리석은 생각이었습니다. 학교에 다니는 12년 동안, 학습결손으로 인해 정윤이가 받을 자존감의 상처에 관한 생각을 하지 못했던 겁니다. 여기에 초등학생의 학습심리에 대한 무지도 한몫했고요. 초등학교 1학년 아이도 학습결손이 누적되고, 그로 인해 자존감에 큰 상처를 받을 수 있다는 인식 자체가 없었습니다.

학습결손은 학습이 이뤄지는 모든 나이에 경험할 수 있고, 학습결손을 경험하는 모든 순간들이 수학의 골든타임입니다!

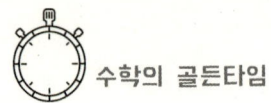 수학의 골든타임

　수학은 다른 과목과는 구별되는 독특한 특징을 가지고 있습니다. 바로 '계열성'인데요. 계열성은 "서로 관련이 있거나 유사한 점이 있어서 한 갈래로 이어지는 계통"으로, 수학에서는 먼저 배운 내용이 나중에 배울 내용의 기초지식이 됩니다. 이와 같은 수학교육과정을 '나선형 Spiral 교육과정'이라 부르기도 하는데요. 나선형 교육과정에서는 각 학년의 수학 개념들을, 이전 학년에서 배운 수학 개념의 이해를 근거로 구성합니다. 따라서 이전 학년에서 생긴 학습결손은 다음 학년에서 배우는 연관 단원의 학습결손을 유발하는 원인이 되는데요. 하나의 학습결손을 방치하면, 이로 인한 학습결손이 누적될 수밖에 없는 구조라고 볼 수 있습니다. 따라서 세심한 관찰을 통해 학습결손을 발견하고, 즉시 적절한 조치를 취해야 하는데요. 먼저 아이들이 자주 틀리는 문제나 이해하지 못하는 수학 개념을 찾아야 합니다. 좀 더 쉬운 예제를 제시하면서 자세히 설명해 주어야 하고요.

・ ・ ・

초·중·고등학교 수학 교육과정은
'수학 개념들 사이의 연결'을 의미합니다.

　학습결손에는 두 가지 종류가 있다고 했죠! '수학 개념 이해의 실패로 생기는 학습결손'과 '문제 풀이의 실패로 생기는 학습결손'인데요.

이 중에서 수학 개념을 이해하지 못해서 생기는 학습결손은 매우 치명적인 결과를 불러올 수 있습니다. 초·중·고등학교 수학 교육과정은 '수학 개념들 사이의 연결Connection'로 이뤄진 구조를 가지고 있기 때문인데요. 하나의 학습결손이 관련된 수학 개념들 사이의 연결을 끊어지게 만들 수도 있습니다. 반면에 문제의 풀이는 수학 개념을 완벽하게 이해하는데 도움을 주고, 개념들 사이의 연결을 강화하는 역할을 할 뿐입니다. 못 푸는 문제는 해설서를 보면서 풀이 과정을 노트에 적어 놓고, 다음에 다시 풀면 되는 겁니다.

・ ・ ・

수학 공부의 핵심은
문제 풀이가 아니라, 수학 개념의 완벽한 이해입니다.

하지만 현재의 수학교육은 철저하게 왜곡되어 있습니다. 수학 개념이 아니라 문제 풀이가 수학의 핵심인양 자리를 차지하고 있는데요. 수학 공부의 목표를 개념의 완벽한 이해에 두지 않고, 의미도 알 수 없는 문제들만 반복하여 풀도록 강요하고 있습니다. 입시 위주의 교육에서는 문제를 풀어서 얻는 성적만이 유일한 평가 기준이기 때문이죠.

사정이 이렇다 보니, 12년 동안이나 수학을 배우고도 "수학이란 무엇인가?"에 대한 답을 말하지 못하는데요. 당연한 결과입니다.

 수학의 골든타임

　수학 개념의 완벽한 이해와 이를 통한 수학의 의미와 가치의 이해 여부를 평가하는 학교는 없으니까요. 오직 '문제를 풀어서 정답을 얻었는가?'만이 유일한 평가의 대상입니다. 전국의 초·중·고등학교 학생들이 너 나 할 것 없이 학원에 다니거나, 과외를 받으면서 죽어라? 문제를 푸는 이유입니다. 하지만, 이건 정말 잘못된 겁니다. 입시로 인해 만들어진 심각한 병폐인데요. 분명한 것은 "수학 공부의 핵심은 수학 개념을 완벽하게 이해하는 것"이라는 점입니다. 어려운 문제의 풀이나 높은 성적은 수학 개념을 완벽하게 이해한 결과로 얻을 수 있는 부수적인 산물이고요.

　수학 공부의 핵심이 무엇인지 이해하는 부모님은 아이가 문제를 못 풀거나, 수학시험 성적이 나쁘다고 실망하지 않습니다. 아이가 어려워하거나 자주 틀리는 문제를 발견하고, 이해할 수 있도록 도와주는 것이 부모의 중요한 역할이잖아요. 아이가 풀지 못하거나 시험에서 틀린 문제로 아이의 학습결손을 발견할 수 있고, 학습결손을 바로 해결해 주면 되는 겁니다. 성적이 낮으면 시험에 적합한 공부 방법을 익혀서, 다음 시험에서 성적을 올리면 되고요.

　아빠표 또는 엄마표 수학은 학원이나 과외와는 달라야 합니다. 수학 공부의 가장 중요한 목표가 "수학 개념의 완벽한 이해를 통해 수학 자존감을 높이는 것"임을 알고, 또 실천할 수 있어야 합니다. 수학 개념의 완벽한 이해야말로 수학 공부의 핵심이라는 것을 이해했다면, 자녀와 함께 '행복한 수학여행'을 떠날 준비가 된 것입니다.

이제 5년 동안 진행한 아빠표 수학에 관해 설명할게요.

저의 방법은 절대 쉽고 편한 방법이 아닙니다. 지식과 지혜를 얻는 일에 지름길이 있다고 생각하지도 않고요. 단지, 수학의 특징에 맞는 공부 방법에 관해 이야기하려는 겁니다. 거기에 수학의 의미와 가치를 조금 추가했고요. 읽는 사람에 따라서 생각의 차이가 있을 수 있습니다. 하나의 사례 정도로 생각하면서 편하게 읽어주시기 바랍니다.

 **목표 설정하기 / 핵심 포인트 정하기**

제가 아빠표 수학을 시작한 이유는, 정윤이의 수학 자존감을 높여 주기 위한 것이었습니다. 겨우 초등학교 3학년이었던 정윤이가 받은 수학 자존감의 상처를 치유해 주고, 앞으로 받을지도 모르는 더 큰 자존감의 상처를 미리 예방해 주고 싶었습니다.

• • •

수학 공부의 핵심은 수학 개념을 완벽하게 이해하는 겁니다!

'수학 점수 80점 이상!'
'수학시험에서 100점 목표!'

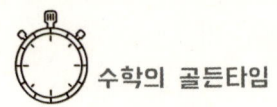 수학의 골든타임

처음부터 점수나 문제 풀이를 공부의 목표로 삼지 않았다는 점을 강조하고 싶습니다. 문제를 푸는 것은 수학 개념을 보다 정확하게 이해하기 위해서입니다. 목적이 아니라 수단인 거죠. 수학 개념을 완벽하게 이해한 후에는 난이도가 높은 문제도 별다른 어려움 없이 풀 수 있습니다.

수학 개념의 완벽한 이해야말로 수학 공부의 진정한 핵심입니다. 수학 개념을 완벽하게 이해한 아이에게 문제해결능력은 보너스로 주어집니다.

두발자전거를 생각해보세요.

두발자전거 타기에 익숙해진 아이에게 자전거를 타고 어디를 갈지는, 단지 선택의 문제일 뿐입니다. 가까운 공원으로 갈 수도 있고, 자전거 길을 따라 먼 곳까지 다녀올 수도 있습니다. 반대로, 두발자전거에 익숙하지 않은 아이에게 자전거를 타고 먼 곳까지 다녀오라고 하거나, 어려운 묘기를 시킨다면 어떨까요? 십중팔구는 다치거나, 심한 두려움을 느끼게 될 겁니다. 이와 비슷하게 초·중학교 학생들에게 중요한 것은 수학에 익숙해지는 겁니다. 수학에 익숙해진 아이가 어려운 문제를 잘 푸는 것은, 단지 선택과 실천의 문제일 뿐이고요.

• • •

먼저 수학에 익숙해져야 합니다!

실생활에서는 사용하지 않는 추상적인 개념, 문자, 기호 등으로 표현되는 수학이, 낯설고 어렵게 느껴지는 것은 당연한 겁니다. 이처럼 수학이 낯설고 어려워 보이는 것은, 아직 수학에 익숙해지지 않았기 때문이고요. 수학을 잘하기 위해서는 먼저 수학에 익숙해져야 합니다. 나에게 낯선 것들은 어려워 보이지만, 익숙해진 후에는 어려움을 느끼지 않는 것과 비슷합니다.

대부분의 아이들은 현재 학년에서 배우는 수학뿐만 아니라, 앞으로 배워야 하는 수학에 대해 막연한 두려움을 가지고 있습니다. 저는 이런 두려움을 없애주는 것이 중요하다고 생각하는데요. 수학에 대한 두려움을 극복하는 방법은 오직 하나밖에 없습니다.

'수학에 익숙해지는 것!'

여기서 말하는 '익숙함'을 얻기 위한 두 가지 필요조건이 있는데요. 하나는 수학 개념을 완벽하게 이해하는 것이고, 다른 하나는 빠른 예습입니다. 이해하지도 못한 채 무조건 암기하면 두통만 생기고, 앞으로 배워야 할 수학에 대한 막연한 두려움은 수학 공부를 가로막는 걸림돌이 됩니다. 수학에 익숙해지는 방법으로서의 완벽한 이해와 빠른 예습에 대해 좀 더 자세하게 설명해 볼게요.

첫째, 수학 개념의 완벽한 이해!

고등학교 수학이나 입시 수학에서는 문제해결능력이 중요하지만, 초·중학교 때는 수학의 의미와 가치를 이해하는 것이 가장

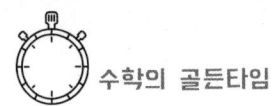

핵심적인 목표가 되어야 합니다. 수학의 의미와 가치는 '수학 개념의 완벽한 이해'를 통해 얻을 수 있고요. 수학 개념을 완벽하게 이해하기 위해서는 예제와 쉬운 문제만 풀어도 충분합니다. 어려운 문제는 수학 개념을 완벽하게 이해한 후에, 반복 학습을 하면서 조금씩 풀어도 절대 늦지 않습니다.

둘째, 초4부터 고1까지 빠르게 예습하기!
아이들은 현재 학년에서 배우고 있는 수학뿐만 아니라, 앞으로 배워야 할 수학에 대한 두려움을 가지고 있다고 했죠. 이런 두려움은 학업 스트레스를 주거나, 학습효율을 떨어뜨리는 원인이 됩니다. 따라서 수학 개념을 중심으로, 예제와 쉬운 문제만 풀면서 빠른 속도로 예습을 하는 것이 좋습니다. 앞으로 배울 수학이 별거 아니라는 인식을 심어주면서, 고등학교 1학년 수학까지 예습을 진행하는 건데요. 이때 중요한 점은, 모든 수학 개념들을 완벽하게 이해하면서 진도를 나가야 한다는 겁니다. 수학 개념의 완벽한 이해는 수학에 대한 두려움을 없애고 자신감을 심어주기 때문입니다.

"수학이 별거 아니네!"

"앞으로 몇 년 후에 배울 수학 개념도 그다지 어렵지 않고, 조금만 노력하면 이해할 수 있어."

이와 같은 자신감은 수학 공부에 좀 더 적극적인 태도를 갖추게

합니다. 수학에 대한 두려움을 제거하기 위해서 제가 선택한 방법은 '각 학년에서 배우는 핵심개념들을 완벽하게 이해하고, 핵심개념의 이해를 돕기 위한 예제와 쉬운 문제들만 풀면서, 초4부터 고1까지 빠르게 예습하기'였습니다. 물론 속도 보다는, 모든 수학 개념들의 완벽한 이해에 중점을 두었는데요. 예제와 쉬운 문제들만 풀다 보니, 자연스럽게 예습의 속도가 빨라졌던 겁니다. 그런데, 예습의 속도와 비례하여 함께 증가하는 것이 있었습니다. 바로 아이들의 걱정?입니다.

"전에 배웠던 내용이 하나도 기억나지 않아요!"

아이들이 자주 했던 말입니다. 그때마다 제가 아이들에게 들려주던 말이 있는데요.

'괜찮아! 까먹어도 돼! 완벽하게 이해했던 내용은 다시 보면 금방 기억이 나거든!'

전에 이해했던 내용은 까먹어도 전혀 문제가 되지 않습니다. 한 번 완벽하게 이해했던 내용을 다시 이해하는 것은, 그다지 어렵지 않기 때문인데요. 단지, 다시 볼 때 기억을 빨리 되살리기 위해서 해야 할 일이 있습니다. 바로 '나만의 책과 노트 만들기'인데요. 색깔 있는 펜으로 정성껏 '별표', '밑줄', '메모' 등을 하면서 나만의 책, 나만의 노트를 만드는 겁니다. 나만의 책 만들기에 대해서는 뒤에서 자세하게 설명하게요.

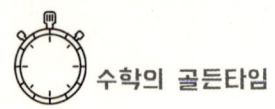
수학의 골든타임

• • •

어떤 내용을 완벽하게 이해한다는 것은
내가 가지고 있는 지식의 구조와 연결되었다는 것을 의미합니다.

저는 '이해의 힘'을 믿습니다. 수학 개념을 완벽하게 이해했다는 것은, 새로 배우는 지식이 자신이 가지고 있는 지식의 구조와 연결되었다는 것을 의미하기 때문인데요. 한 번 이해한 지식은 더 이상 새롭거나 낯선 것이 아닙니다. 잠시 기억나지 않는다고 해서 지식의 구조가 변했거나, 지식들 사이의 연결이 끊어지는 것은 아니기 때문인데요. 완벽하게 이해했던 개념들은 언제든, 별다른 어려움 없이 다시 이해할 수 있습니다.

• • •

고등학교 1학년 수학은
중학교 1, 2, 3학년 수학의 심화·복습 과정입니다!

초·중·고등학교 수학에서 고등학교 1학년 수학의 의미는 매우 큽니다. 고등학교 1학년 수학이 가지는 의미를 이해하면, 학업 스트레스를 줄이면서도 효율적으로 중학교 이와 같은 자신감은 고등학교 1학년 수학의 의미를 크게 두 가지로 생각할 수 있습니다.

첫째, 중학교 수학의 심화와 복습

수학과 교육과정에서 고등학교 1학년 수학은 중학교 1, 2, 3학년 수학을 심화하고 복습하는 과정입니다. 따라서 중학교 1, 2, 3학년 수학을 공부할 때, 지나치게 어려운 문제를 풀면서 에너지를 낭비할 필요가 없는 거예요. 중학교 1, 2, 3학년 수학은 예제와 쉬운 문제만 풀면서, 수학 개념들을 완벽하게 이해하고 수학 개념에 익숙해지는 것만으로도 충분합니다. 고등학교 1학년 수학을 공부하면서 심화·복습할 테니까요.

둘째, 고등학교 2, 3학년 수학의 기초

고등학교 1학년 수학은 중학교 수학과 고등학교 2, 3학년 수학을 연결해주는 역할을 합니다. 고등학교 1학년 수학에서는, 본격적으로 고등학교 2, 3학년 수학을 배우기 위한 기초개념, 즉 방정식, 부등식, 함수개념 등을 배우는데요. 고등학교 2, 3학년 수학의 승패는, 고등학교 1학년 수학에서 결정된다고 해도 과언이 아닙니다.

수학의 골든타임

솔로 Solo 또는 팀 Team

　아이의 수학 자존감을 높여 주고, 올바른 수학 공부습관을 만들기 위해서는 많은 시간이 필요합니다. 저는 처음 아빠표 수학을 시작할 때부터, 고등학교 1학년 수학을 3회 반복 학습하는 것을 목표로 설정했는데요. 이를 위해서는 적어도 3년 이상 아빠표 수학을 지속할 수 있어야 합니다. 여기에 제 고민이 컸는데요. 아무래도 정윤이만 데리고 공부를 하게 되면 정해진 시간에 규칙적으로, 그것도 3년 이상이나 지속할 자신이 없었기 때문입니다.

　정윤이와 제가 일대일로 공부할지, 친한 친구들과 함께 공부할지를 결정하는 과정은 생각보다 많은 시간과 대화가 필요했습니다. 수학 자존감에 큰 상처를 입은 정윤이가 친구들하고는 절대 안 하겠다고 고집을 부렸거든요. 친구들을 무척이나 좋아하면서도, 자신의 부족한 수학 실력이 친구들과 비교되는 것이 싫었던 건데요. 당연하고 자연스러운 반응이었습니다.

　저는 일대일보다는 팀으로 하길 원했습니다. 아무래도 아빠와 아이 둘이서 공부하다 보면 이런저런 이유로 빼먹기 쉽고, 이로 인해 장기적이고 체계적인 학습이 어렵게 될 확률이 높았기 때문입니다. 다행히도 나중에 정윤이가 친구들과 함께 공부해도 좋

다는 쪽으로 생각을 바꿨는데요. 앞에서도 설명했던 협상 조건들이 만족스러웠던 것 같습니다.^^

• • •

30분 공부하고 1시간 놀기!
공부할 때마다 맛있는 간식 먹기!
문제집 한 권 풀 때마다 원하는 선물 사주기 등등.

팀 구성은 정윤이의 의견을 고려했고, 제 아내가 엄마들과 통화하면서 정했습니다. 대부분 친구들과 놀기 위한 또래모임 정도로 생각했던 것 같은데요. 초등학생 자녀를 둔 부모님이라면 누구나 공감하실 거예요. 아이들 놀이모임을 만들자는데 싫다고 하실 분이 있을까요? 더욱이 함께 놀면서 공부도 한다니, 꿩 먹고 알도 먹는 거잖아요. 밑져야 본전이고요! 하여튼 처음에는 별다른 부담 없이 시작했습니다.

"30분? 그것도 일주일에 두 번?"

이 정도로 공부해서 무슨 소용이 있겠냐는 표정들이 아직도 기억이 납니다.^^ 그래도 명색이 오리엔테이션이다 보니, 수업 일정을 설명했는데요. 다른 것은 몰라도, 고등학교 1학년 수학의 의미를 설명하는 대목에서는 대부분이 공감해 주셨습니다. 수업료?는 별도로 받지 않았지만, 아이들 간식비용은 균등하게 나누어 내기로 했는데요. 수업시간마다 피자, 치킨, 햄버거, 닭강정 등 온

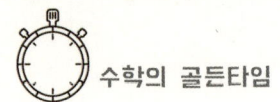 수학의 골든타임

갖 음식들을 먹였으니, 간식비용도 적지는 않았습니다.

간식의 효과는 실로 대단했습니다. 저는 간식이야말로 아빠표 수학을 성공으로 이끈 가장 큰 원동력이라고 생각합니다. 맛있는 간식으로 인해 수업이 즐거웠고, 다음 수업이 기다려졌으니까요. 수업이 끝날 때마다 행복한 고민을 했습니다.

"다음엔 뭐 먹을까?"

지금 돌이켜보면, 정윤이와 5년 동안이나 아빠표 수학을 계속 할 수 있었던 것은, 친구들과 간식 덕분이라고 생각합니다.^^ 정윤이와 둘이서만 했다면 5년은 커녕 1년도 힘들었을 거예요. 또 간식이 없었다면 수업의 즐거움도, 다음 수업의 기다림도 없었을 거고요. 친구들과 함께 공부했기 때문에 어느 정도의 경쟁의식과 긴장감을 유지할 수 있었고, 맛있는 간식을 먹으면서 즐거운 추억도 만들 수 있었습니다. 아빠표 또는 엄마표 수학을 생각하시는 분들에게 일대일보다는 팀을 권하고 싶습니다. 이유는 앞의 내용으로 충분히 유추할 수 있을 거예요.

 공부 방법

부모가 자녀를 직접 가르칠 때, 실패하는 가장 흔한 원인은 '조급함'에서 찾을 수 있습니다. 마치 학원처럼 빡빡하게 짜인 스케줄에 따라, 많은 양의 문제를 풀게 하는 부모님들이 있는데

요. 이런 분들은 자녀를 직접 가르칠 생각은 하지 마시고, 학원에 보내는 것이 좋습니다.

　아빠표 수학의 가장 중요한 목표가 '수학 자존감 높이기'라고 했잖아요. 사실 아이들의 수학 자존감 높이기에 집중하면, 올바른 공부 방법을 찾는 것은 어렵지 않습니다. 올바른 수학 공부 방법을 찾기 위한 핵심요인 여섯 가지를 설명할게요.

　첫째, 예습은 수학 자존감 높이기의 핵심!
　수학 자존감을 높이는 것뿐만 아니라, 수학에 대한 거부감을 없애기 위해서는 수학 시간에 선생님이 설명하는 내용을 100% 이해할 수 있어야 합니다. 수학 시간에 선생님의 설명을 이해하는 경험이 누적되다 보면 수학 자존감은 자연스럽게 높아지고, 수학에 대한 거부감도 사라지게 되는데요. 이를 위해서 예습은 필수입니다.

● ● ●

예습으로
수학 수업에서 성공 경험을 만들어 줄 수 있습니다!!

　아이들은 수업시간마다 매번 새로운 수학 내용을 배웁니다. 수학 개념들은 현실 세계에서는 존재하지 않는 추상적인 개념들인지라 어지간히 집중하지 않으면, 처음 배우는 수학 개념을 이해

하기 어렵습니다.

하지만 아무리 어려운 수학 개념이라도, 전에 한 번 이해했던 개념은 낯설거나 어렵게 느껴지지 않을 겁니다. 굳이 공부했던 내용을 정확하게 기억할 필요도 없습니다. 전에 이해했던 내용은 완전히 잊은 것처럼 느껴지다가도, 다시 보면 대부분 기억나기 마련이거든요. 또 굳이 기억나지 않아도 상관없습니다. 전에 내가 이해했던 내용이라는 인식만으로도, 그 수학 개념이 만만해 보일 테니까요.

둘째, 완벽한 개념 이해와 예제풀이가 예습의 핵심!

예습은 수학 개념의 완벽한 이해와 이를 돕기 위한 예제와 쉬운 문제 풀이 정도면 충분합니다. 학원에서는 예습단계에서부터 지나치게 많은 문제를 풀게 하는데요. 이렇게 하면 아이들을 지치게 만들고, 학업 스트레스를 높일 수 있습니다. 또한, 수학은 어렵고 지겹다는 부정적인 인식을 심어줄 수 있고요.

• • •

수학 공부의 핵심은
수학 개념을 완벽하게 이해하는데 있습니다!!

수학 개념을 완벽하게 이해하는 것이 올바른 수학 공부입니다. 예제와 쉬운 문제를 푸는 건, 수학 개념을 완벽하게 이해하는데 도움이 되기 때문이고요. 왜 풀어야 하는지 이유도 모른 채, 기계적으로 문제를 푸는 것이 수학 공부라는 편견에서 벗어나야 합니다. 어려운 문제 풀이에만 매달리는 것은, 입시교육이 만든 심각한 폐단일 뿐입니다.

• • •

수학 개념의 완벽한 이해는
아이의 수학 자존감을 높여 줍니다!

　매번 수업을 끝내기 전에 아이가 수학 개념을 완벽하게 이해했는지 확인해야 합니다. 이해하기 어려운 수학 개념들은, 좀 더 쉬운 예제들을 풀어주면서 설명해 주고요. 충분한 시간과 여러 번에 걸친 반복 학습을 통해서, 어려운 수학 개념도 충분히 이해할 수 있다는 자신감과 성공 경험을 제공해 주어야 합니다. 수업 시간마다 쌓이는 수학의 성공 경험은 아이의 수학 자존감을 높여 줍니다. 수학 자존감이 높은 아이는 자신에 대한 신뢰를 바탕으로, 고난이도 문제에 도전할 수 있는 거고요.

• • •

모든 수업시간에
아이의 수학 자존감을 확인해야 합니다.

 수학의 골든타임

저는 매번 수업이 끝날 때마다, 그날 배운 내용에 대해 아이들의 느낀 점을 물어봤습니다.

'오늘 배운 내용 어땠어?'

아이들의 대답은 항상 같았습니다.

"쉬웠어요!"

수학이 만만하고, 공부하면 얼마든지 이해할 수 있다는 자신감을 심어주었습니다. 이런 자신감은 아이들의 수학 자존감을 높이는 중요한 요인이 됩니다. 아빠표 수학을 진행했던 5년 동안, 가장 중점을 둔 것은 수학지식의 전달이나 문제 풀이가 아니라 수학에 대한 자존감 키우기였습니다.

"수학이 별거 아닌 것 같아요!!"

실제 초·중·고등학교에서 배우는 수학 개념들은 누구나 이해할 수 있는 내용입니다. 안타깝게도 입시 위주의 교육에서는 수학 개념의 완벽한 이해 보다, 문제 풀이에만 집착하다 보니 수포자를 양산하는 겁니다.

한 번 생각해보세요! 누군가 당신에게 의미도 모르는, 더욱이 알 필요도 없는 아랍 문자를 외우라고 하면 어떤 느낌을 받을 것 같나요?

يغين يہى خٚغان كه يغۆ دٺات شِڀۆڭ اٹو دعي
هغوك شِڀين م يعاُو معاُو اٹو هغوك گِٻا

1부 아빠표 수학

'외운다고 한들~ 무슨 의미가 있을까요?'

수학도 마찬가지입니다. 현재의 입시교육에서는 수학 개념을 이해하지도 못한 아이들에게 기계적으로 문제를 풀게 만들고 있는 거예요. 사정이 이렇다 보니, 중·고등학교 수학영재들이 대학에 진학할 때에는 수학을 전공으로 선택하지 않는 거고요.

'수학영재도 결국에는 수포자가 되는 겁니다!'

하기야 수학영재라는 말이 맞지 않을 수도 있겠네요. 몇 년에 걸쳐 학원에서 수학경시 문제만 죽어라 풀었던 거잖아요. 수학영재라기보다는 '문제를 잘 푸는 아이'라고 부르는 것이 맞을 겁니다. 문제 풀이 위주의 공부로는, 수학의 의미와 가치에 대한 이해에 도달할 수 없으니까요. 그러니 대학에서 수학을 전공으로 선택하지 않는 겁니다.

셋째, 빠른 선행학습!

아빠표 수학은 아이들이 초등학교 3학년 겨울방학 때부터 시작했는데요. 시작한지 12개월 만에 초등학교 4, 5, 6학년 과정을 모두 마쳤습니다. 일주일에 두 번, 그것도 하루 30분씩만 공부해서 이렇게 빨리 선행학습을 하는 게 가능하냐고 묻는 분들이 많은데요. 매우 충분합니다! 이상한? 문제를 풀면서 아이들을 괴롭히지만 않으면요. 오히려 시간이 남아서, 중요한 개념들은 여러 번 복습까지 했습니다.

먼저, 수학에 대한 두려움을 없애야 합니다.

제가 이처럼 진도를 빠르게 나간 데는 나름의 이유가 있습니다. 아이들이 가지고 있는 수학에 대한 막연한 두려움을 없애기 위함이었는데요. 앞으로 배워야 하는 수학에 대한 두려움은 누구에게나 있고, 또 너무나 당연한 거잖아요. 문제는 이런 막연한 두려움이 수학 공부를 할 때, 심리적인 저항감을 높인다는 겁니다.

이때 중요한 점이 있습니다.

선행학습을 빠르게 나가는 것이 중요한 것이 아니라 '수학 개념을 완벽하게 이해하는 것'이 최우선의 목표라는 점인데요. 아이들이 수학 개념을 완벽하게 이해했는지를 매번 확인해야 합니다. 수학 개념에 대한 완벽한 이해는, 아이들에게 앞으로 배울 수학 내용이 쉽거나 할 만하다는 인식을 심어줍니다. 실제로 초등학교 수학을 마친 1년 후에는 아이들의 수학 자존감이 회복된 것은 물론이고, 어느 정도는 수학에 대한 자신감을 보이기도 했습니다.

"좀 어려운 문제도 풀어보고 싶어요!"

아이들은 학원에 다니는 친구들, 특히 경시학원에 다니는 친구들이 푸는 이상한? 문제들도 풀어보자고 말할 정도였는데요. 오히려 제가 '어려운 문제는 나중에 풀어도 된다.'고 아이들을 달랬습니다. 수학 개념을 완벽하게 이해하고, 반복 학습을 통해 수학에 익숙해진 후에는, 고난이도 문제를 푸는 것이 그다지 힘들거나 어렵게 느껴지지 않기 때문입니다. 또 처음부터 아빠표 수학의 최종 목표를 고등학교 1학년 수학에 두었기 때문이기도 했고요.

'조금만 기다려!'

'고등학교 1학년 수학을 3회 복습한 후에는 어려운 문제도 풀어 볼 거야!'

넷째, **반복 학습**!

수학에 익숙해지기 위해서 반복 학습은 필수입니다. 반복 학습은 대단원이 끝날 때마다 각 단원의 핵심개념을 설명하고, 대표문제만 다시 푸는 것으로 간단하게 진행했습니다. 어려운 문제의 풀이나 시험공부는 아이들이 스스로 선택하도록 했는데요. 선행학습을 하면서 어려운 문제들을 많이 푸는 것은 좋은 방법이 아닙니다. 아이들에게 수학은 어렵고 짜증 나는 과목이라는 부정적인 인식만 키울 수 있고, 문제 풀이의 실패로 인해 수학 자존감에 큰 상처를 줄 수도 있기 때문인데요. 어려운 문제는 수학 개념을 완벽하게 이해하고, 세 번 정도 반복 학습을 한 후에 풀어도 절대 늦지 않습니다.

수학 개념을 완벽하게 이해하고, 세 번 정도 반복 학습을 한 후에 어려운 문제의 풀이에 도전하게 되면, 문제 해결에 성공할

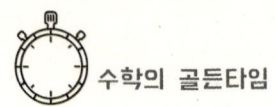 수학의 골든타임

가능성이 매우 높아집니다. 이런 과정을 거쳐서 고난이도 문제를 해결하면 수학에 대한 성취감을 느낄 수 있고, 수학 자존감도 높아지는데요. 간혹 문제 해결에 실패하더라도 아이의 자존감에 상처를 주지는 않습니다. 색깔 있는 펜으로 별표를 하고, 다음에 다시 도전하면 되니까요.

• • •

수학 개념을 완벽하게 이해한 후에도 풀지 못하는 문제는
실패가 아니라, 새로운 지식의 발견입니다!

수학 개념을 완벽하게 이해한 상태에서는, '내가 풀지 못하는 문제를 찾는 것'이 공부의 중요한 목표가 될 수 있습니다. 이를 위해서 색깔 있는 펜으로 별표하고, 오답노트에 문제와 풀이 과정을 잘 정리해 놓아야 합니다. 그리곤 반복 학습할 때마다, 별표가 있는 문제들만 집중적으로 풀어보면 되는 겁니다.

다섯째, 중학교 수학 공부는 수학에 익숙해지는 과정!
중학교 수학은 EBS교재로 공부했는데요. <개념편>과 <유형편>으로 구성되어 있어서, 수학 개념을 설명하고 관련 문제를 풀기에 적당했습니다.

• • •

**중학교 수학은
문자와 기호를 사용하여 풀이 과정을 논리적으로 서술하는 능력을
기르는 데 중점을 두어야 합니다.**

초등학교 수학도 마찬가지지만, 중학교 수학을 공부하기 위해서는 반드시 수학노트에 풀이 과정을 정리해야 합니다. 문제집이나 연습장에 그적이면서 문제를 푸는 아이들이 많은데, 이렇게 하면 문자와 기호를 사용하여 풀이 과정을 논리적으로 서술하는 능력을 기를 수 없습니다.

중학교 1, 2, 3학년 수학은 예습과 반복 학습에 18개월 정도 걸렸습니다. 반복 학습은 처음 공부할 때 사용했던 EBS교재를 그대로 사용했는데요. 색깔 있는 펜으로 '밑줄', '별표', '메모'가 되어 있다 보니, 중학교 3년 과정을 복습하는데 4개월이 채 걸리지 않았습니다.

• • •

나만의 수학책을 만들어라!

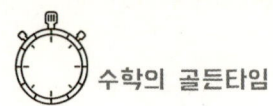 수학의 골든타임

　문제집이나 책으로 공부할 때, 중요개념은 자를 이용해 밑줄 긋고, 색깔 있는 펜으로 별표나 메모를 하는 등의 정성을 들이는 공부습관을 갖도록 강조했는데요. 별표, 밑줄, 메모 등을 해 둔 책으로 복습을 하게 되면, 거의 모든 내용들이 기억이 날 뿐만 아니라, 별표가 있는 문제만 풀다 보니 적은 시간을 투자하고도 공부 효율이 매우 높습니다. 또한, 반복 학습 과정에서 성취감을 느끼는 공부가 가능한데요. 처음에는 풀지 못해서 별표를 했던 문제들도 반복 학습 과정에서는 대부분 풀 수 있습니다. 별표가 있는 문제를 풀 때마다 성취감을 느끼는 것은 당연한 일이고요. 자신의 수학 실력이 향상되고 있다는 증거니까요. 또 반복 학습 과정에서도 풀지 못하는 문제는 다른 색깔의 펜으로 별표를 하고, 다음 반복 학습에서 다시 도전하면 되기 때문에 자존감에 상처를 받을 일도 없습니다.

● ● ●

수학책은 절대 바꾸지 마세요!

　중·고등학교 수학은 내용도 어렵고, 다양한 문자와 기호를 사용하기 때문에 반복 학습은 필수입니다. 처음 볼 때 정성을 들여서 밑줄, 별표, 메모 등을 해 두면, 반복 학습의 효과를 크게 높일 수 있는데요. 반복 학습의 효과를 높이기 위해 반드시 지켜야 할 것이 있습니다.

'절대 수학책을 바꾸지 마세요!'

정성껏 정리하고, 중요한 개념들에 별표를 해둔 '나만의 책'을 버리고 새로운 문제집을 풀게 되면, 반복 학습의 효과를 얻기 힘들 뿐만 아니라, 시간도 오래 걸립니다.

여섯째, 고등학교 1학년 수학에 집중하라!

저는 처음부터 아이들에게 '고등학교 1학년 수학'의 중요성을 강조했습니다. 아이들에게 고등학교 1학년 수학의 의미와 가치를 여러 번에 걸쳐서 이야기했는데요. 앞에서 설명한 두 가지 이유 때문입니다.

• • •

고등학교 1학년 수학은
중학교 3년 동안의 수학을 심화·복습하는 과정입니다!

수학과 교육과정에서 고등학교 1학년 수학은 중학교 1, 2, 3학년 수학을 심화하고 복습하는 과정입니다. 따라서 중학교 수학을 공부할 때, 아이들에게 어려운 문제들을 풀게 하면서 많은 시간을 낭비?할 필요가 없는 거예요. 중학교 수학에서는 추상적인 개념 이해, 문자와 기호의 사용, 논리적인 풀이 과정의 서술에 익숙해지는 연습에 집중하고, 고등학교 1학년 수학을 공부하면서 심화·복습하면 됩니다.

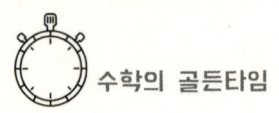 수학의 골든타임

• • •

고등학교 1학년 수학은 고등학교 2, 3학년 수학의 기초입니다!

고등학교 수학에서는, 17세기 데카르트의 직교좌표계를 도입한 이후에 비약적으로 발전한 '해석기하학'을 본격적으로 다룹니다. 고등학교 1학년 수학은 해석기하학의 입문 과정인 동시에 입시 수학, 즉 고등학교 2, 3학년 수학의 기초지식이 됩니다. 따라서 고등학교 1학년 수학에 대한 이해 없이는, 고등학교 2, 3학년의 수학에서 높은 학업성취도를 기대하기 어렵습니다.

초·중·고 12년 동안 배우는 수학에서, 고등학교 1학년 수학의 의미는 매우 특별하고 중요합니다. 중학교 수학의 심화·복습이면서, 고등학교 2, 3학년 수학의 기초지식이 되거든요. 저는 처음부터 고등학교 1학년 수학을 3회 반복 학습하는 것을 목표로 잡았습니다.

교재는 《수학의 정석》으로 했는데요. 모든 개념이 빠짐없이 정리되어 있고, 하드커버인지라 튼튼?해서 '반복 학습'에 적합하기 때문입니다. 아무래도 3회 반복 학습을 해야 하고, 아이들이 고등학교를 졸업할 때까지 사용할 수 있는 책으로는 정석이 무난해 보였습니다.

고등학교 1학년 정석을 1회 학습할 때는 색깔 있는 펜으로 밑줄 긋기, 별표하기, 메모하기 등 '나만의 수학책 만들기'에 정성을 쏟았습니다. 또한, 수학 개념의 이해, 예제와 쉬운 유제 풀이에 중점을 두었는데요. 각 단원의 수학 개념을 완벽하게 이해하고, 이를 통해 고등학교 1학년 수학도 "별거 아니네!"라는 인식을 심어주고자 노력했습니다.

공부시간은 30분에서 1시간으로 늘렸고요. 연습문제는 반복 학습을 할 때마다 각각 3개씩만 풀었습니다. 즉, 1회 학습에서는 3번까지, 2회 학습에서는 6번까지, 3회 학습에서는 9번까지 풀었고, 나머지 문제는 고등학교 올라가서 풀어도 충분하다고 일러주었습니다. 고등학교 1학년 수학은 1회 학습에 10개월, 2회 학습에 6개월, 3회 학습에 3개월 정도 걸렸는데요. 1회 학습과정에서 교재에 밑줄, 별표, 메모 등을 하면서 '나만의 수학책'을 만든 덕분에, 2회 학습과 3회 학습 과정은 짧은 시간을 투자하면서도 학습효과는 매우 높았습니다.

고등학교 1학년 수학을 3회 반복 학습한 후에는 아이들과의 약속대로 수학경시문제를 풀었습니다. 앞에서 이야기했듯이, 고난이도 문제를 풀다가 아이들의 수학 자존감에 상처를 주지 않기 위해서, 공부 방법을 조금 바꿨는데요. 수학경시문제의 풀이가 아니라, '수학경시문제 풀이 과정의 완벽한 이해'를 목표로 정했습니다. 다시 말해서, 경시문제의 풀이는 제가 하고, 아이들

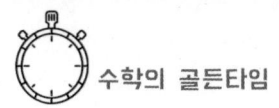

은 풀이 과정을 완벽하게 이해하는데 중점을 둔 건데요. 이런 방법은 문제 풀이의 실패로 인한 학습결손을 예방하면서도, 풀이 과정을 이해하고 논리적인 표현에 익숙해지는 효과가 있습니다.

수학경시문제를 풀었던 이유는, 친구들에게 뒤처진다는 불안감을 없애주기 위함이었습니다. 그때까지도 학원에 다니는 친구들이 주말에 10시간씩이나 수학을 공부한다는 이야기를 들을 때마다, 학원에 다니는 친구들에게 뒤처지는 게 아니냐며 불안감을 토로했거든요.

'그 친구들은 이미 너희들의 경쟁상대가 아냐!'

아무래도 학원에서는 수학 개념의 완벽한 이해보다는 문제 풀이에 중점을 둡니다. 수학 개념을 완벽하게 이해하지도 못한 채 10시간 넘게 문제만 풀리는 것은, 두발자전거를 제대로 타지도 못하는 아이에게 두발자전거를 타고 먼 곳까지 다녀오도록 시키는 것과 같습니다. 더욱이, 본인의 의지로 하는 것도 아니잖아요. 그 아이들은 이미 너희들의 경쟁상대가 될 수 없다고 몇 번을 이야기해도 제 말을 믿지 않았습니다. 그래서 정말 어쩔 수 없이, 아이들의 불안감을 해소할 목적으로 수학경시 공부를 6개월 정도 진행했던 겁니다.

수학경시 문제를 풀다가 아이들의 수학 자존감에 상처를 줄 수 있다는 걱정은 기우에 불과했습니다. 고등학교 1학년 수학을 3회 반복 학습한 아이들인지라, 웬만한 중등수학경시문제들은 거의 스스로 풀었습니다. 고난이도 문제들도 풀이 과정을 완벽하게 이해했고요. 그때 정리했던 정윤이의 경시노트는 지금 다시 봐도 놀랍습니다.

중등수학경시를 끝으로, 5년 동안 진행된 아빠표 수학을 마무리했습니다. 5년을 함께 했던 4명의 아이들 중에서, 한 명은 영재학교에 진학했고, 한 명은 국제중학교를 거쳐서 미국에 있는 고등학교로 유학 갔습니다. 정윤이와 다른 한 명은 일반 고등학교에 진학했는데요. 둘 다 최상위 성적을 거두고 있습니다. 다른 것보다 아이들의 수학 자존감을 높였다는 면에서, 아빠표 수학은 성공적이었다고 자평하고 있습니다.

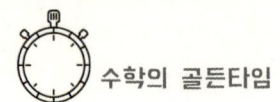 수학의 골든타임

자발적 수포자

　수포자 중에는 '자발적 수포자'도 있습니다.
　저는 자발적 수포자를 '현명한 수포자'라고도 부르는데요. 아이들의 진로희망에 따라서 수학 공부가 필요 없을 수도 있고, 상황에 따라서 수학이 아닌 다른 과목에 많은 시간을 투자해야 할 수도 있습니다.
　예체능계열이나 특성화고 진학을 희망하는 아이에게 수학 공부는 선택일 뿐입니다. 어린 나이에도 불구하고 뚜렷한 진로희망을 가지고 있는 아이들이 있는데요. 대부분 '아이돌스타'나 '스포츠스타'를 꿈꾸는 경우가 많지만, 그 꿈이 무엇인지는 문제가 되지 않습니다.

예를 들어보죠! 현재 전 세계인의 사랑을 받고 있는 BTS 멤버 중에 수학을 못했다는 이유로 비난받는 사람이 있나요? 또, 아이돌 스타의 중·고등학교 수학 성적에 관심 갖는 사람이 있을까요? 뚜렷한 진로목표를 가지고 있고 그 진로목표가 수학과 관련이 없다면, 굳이 수학 공부를 하지 않아도 됩니다. 수학을 못한다고 자존감에 상처를 받을 필요도 없고요.

고등학교 2, 3학년 중에는 현명한 수포자들이 많습니다.
고등학교 수학은 난이도가 높고 학습량도 매우 많은데요. 1년 정도의 선행학습이 충분히 되어 있지 않으면, 공부에 필요한 시간이 절대적으로 부족합니다. 더욱이 다른 과목을 모두 포기한 채 수학만 공부할 수도 없잖아요.
고등학생이 되면 수학뿐만 아니라, 모든 과목의 학습량이 감당하기 힘들 정도로 늘어납니다. 난이도 또한 매우 높아지고요. 따라서 고등학교에 입학하기 전에 학습 부담이 가장 큰 수학만큼은 충분히 선행학습을 해야 합니다. 저는 고등학교에 입학하기 전에, 고등학교 1학년 수학을 3회 반복 학습하는 정도의 예습이 필요하다고 생각합니다. 제가 진행한 아빠표 수학의 목표이기도 했고요. 물론 제가 말하는 예습은 '수학 개념의 완벽한 이해'입니다. 문제 풀이가 아니고요. 하지만 대부분의 학생들은, 특히 학원에 의존하는 학생들은 중학교 시절에 필요 이상으로 많은 시

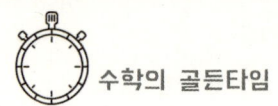 수학의 골든타임

간을 중학교 문제들을 풀면서 허비합니다. 그러다가 정작 중요한 고등학교 수학은 충분한 예습을 하지도 못한 채 고등학교에 올라가는데요. 고등학생이 된 후에는 시간에 쫓겨서 수학 공부를 제대로 할 수도 없습니다.

입시에 가까워지는 고등학교 2, 3학년이 되면, 심리적으로 더욱 쫓기게 되는데요. 많은 시간을 투자해도 성적이 오르지 않는 수학을 계속 공부해야 할지, 아니면 수학을 과감하게 포기하고 그 시간에 다른 과목을 공부하는 게 좋을지 고민하게 됩니다.

• • •

**성적이 오르지도 않는 수학을 공부해야 할지, 아니면
성적을 올릴 수 있는 다른 과목을 공부해야 할지~**

정답도 없고, 선택하기도 어려운 고민입니다. 자신의 진로가 걸린 문제니까요. 때론 수학을 포기하고, 수학에 투자하던 시간을 다른 과목에 분산투자하는 것이 현명한 판단일 수 있습니다. 진로를 결정해야 하는 고등학교 2, 3학년 학생들이 입시에서 유리한 선택을 하는 것은 당연하기 때문인데요. 오히려 성적이 오르지 않는 수학을 포기하고, 그 시간을 다른 교과 공부에 투자하는 것도 고려해야 합니다. 올바른 수학 공부법으로, 고등학교 1학년 수학에 대한 반복 학습이 되어 있지 않으면, 어지간히 노력해도 수학 성적은 오르지 않습니다. 이미 늦은 거예요. 그리고

입시에 조금이라도 유리할 수 있다면, 당연히 수학을 포기하고 다른 과목을 공부해야죠! 어차피 대학에 진학한 이후에는 거의 대부분이 수포자가 될 테니까요!

・・・

입시가 끝나면~ 수학은 바람과 함께 사라집니다!

수포자가 되는 것은 아이들의 책임이 아닙니다. 입시교육의 폐단으로 인해, 의미도 모른 채 문제 풀이에만 내몰린 결과라고 하는 것이 맞습니다. 더욱이 현재의 학교 교육은 아이들의 자존감을 높여 주는 수업을 제공하고 있지도 못하고요. 오히려 시험과 경쟁을 통해서 아이들이 '자연도태Natural Selection' 되도록 유도하고 있습니다. 이로 인해 수학을 포기하지 않고 열심히 공부하는 아이들도, 자존감에 큰 상처 하나쯤은 누구나 가지고 있고요.

우리나라 학교 교육의 현실을 적나라하게 보여주는 연구결과가 있습니다. 제2장에서 자세히 소개할 예정이고요. 여기서는 결과만 간단히 살펴볼게요.

한국교육개발원KEDI에서 2013년 4월 1일 기준, 전국 초등학교 6학년생부터 고등학교 2학년생까지, 전체 학생 중 총 3,594,979 명을 대상으로 '공감역량', '의사소통역량', '자기정체성', '자기주도학습', '진로목적의식'의 발달정도를 조사했는데요. 그 결과가 너무도 놀랍고, 또 서글픕니다!

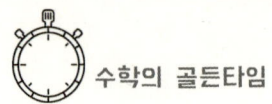

• • •

아이들이 초·중·고등학교를 다니는 동안에
의사소통역량을 제외한 모든 핵심역량이 낮아집니다!

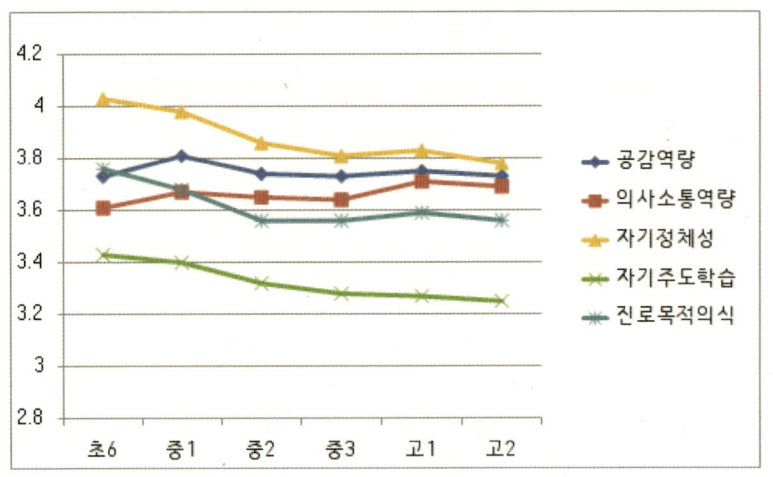

학교 교육을 받는 12년 동안 거의 모든 핵심역량이 낮아지고 있습니다. KEDI의 연구결과는 학교 교육이 아이들의 자존감에 부정적인 영향을 주고 있음을 보여주는데요. 입시 위주 교육의 폐단이 얼마나 심각한지를 보여주는 증거라고 할 수 있습니다.

학교교육뿐만 아니라, 모든 공부의 목적은 아이의 자존감을 높여 주는 방향으로 진행되어야 합니다. 마찬가지로, 수학 공부는 아이의 수학 자존감을 높여 주어야 하는 거고요.

공부의 목적은 아이의 자존감을 높여 주는 것입니다!

아이들이 수학 자존감을 잃지 않도록 지도하는 것은 매우 중요한 일입니다. 이를 위해서는 아이들이 수업과 공부 과정에서 경험하게 되는 '학습결손'에 관심을 가져야 하고요. 수학 개념 이해의 실패나, 문제 풀이의 실패에서 경험하는 학습결손을 그대로 방치하면 안 됩니다. 하나의 학습결손은 또 다른 학습결손을 불러오고, 학습결손이 누적되다 보면 수학 시간에 선생님의 설명을 전혀 이해할 수 없게 되기 때문입니다. 당연히 수학 자존감은 낮아지고, 결국에는 수포자가 될 가능성이 높아집니다.

학습결손이 발생하는 모든 순간이 수학의 골든타임입니다.

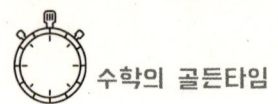 수학의 골든타임

수학의 골든타임

'골든타임Golden Time'은 의학적으로 긴급한 상황에서 사용하는 용어로, 사전적인 의미는 다음과 같습니다.

• • •

환자의 생사生死를 결정지을 수 있는 사고 발생 후
수술과 같은 치료가 이뤄져야 하는 최소한의 시간

골든타임은 우리나라 중증외상치료시스템의 개발과 정착에 크게 기여한 아주대 이국종교수님을 모티브로 하여, <골든타임>이라는 TV드라마가 방영된 이후로 사람들에게 널리 알려진 의학용어입니다.

1부 아빠표 수학

예기치 못한 큰 사고가 발생했을 때, 환자의 생生과 사死는, 골든타임 안에 환자를 응급실로 이송하여 응급처치 및 수술을 할 수 있는가에 따라 결정되는데요. 사고로 치명적인 상처를 입은 환자라도 골든타임 안에 적절한 치료와 수술을 할 수 있다면, 살 수 있는 확률이 매우 높아집니다.

• • •

수학에도 골든타임이 있습니다!

수학에서는 아이가 겪는 모든 학습결손이 사고로 인한 치명적인 상처와 같습니다. 제 때에 학습결손을 해결하지 못하면, 아이의 수학 생명?이 끝날 수도 있는 거예요.

수학의 골든타임은 병원에서 의사들이 사용하는 골든타임과는 비슷하면서도 다른 차이가 있습니다. 사고로 인해 발생하는 상처는 환자보다 의사나 구조대원이 정확하게 관찰할 수 있고, 상태의 위급함을 판단할 수 있잖아요. 하지만 수학학습과정에서 발생하는 학습결손은 제3자가 눈으로 관찰하기 어렵습니다. 그렇게 위급해 보이지도 않고요. 사정이 이렇다 보니 대부분의 학습결손은 제때 해결하지 못하고 방치되는 경우가 많습니다. 때를 놓친 학습결손은 전염성이 매우 강한 세균?과 같은데요. 하나의 학습결손은 다른 학습결손을 유발하여 아이의 수학 자존감을 파괴하고, 결국 수포자로 만듭니다.

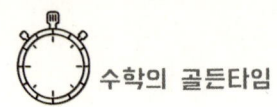 수학의 골든타임

• • •

학습결손이 발생하는 모든 순간이
수학의 골든타임입니다!

수학 공부 과정에서 겪는 학습결손은, 예외 없이 아이의 수학 자존감에 상처를 남깁니다. 계열성이 강한 수학교육과정의 특징으로 인해, 하나의 학습결손은 또 다른 학습결손의 원인이 되는데요. 이것이 어떤 학습결손도 그대로 방치하면 안 되는 이유입니다.

수학 학습결손에 대한 한 가지 오해가 있습니다.

대부분의 선생님들이나 아이들은 문제 풀이의 실패로 인한 학습결손을 중요하게 생각하고 있는데요. 이것은 대단히 잘못된 겁니다. 이런 오해는 입시 위주의 교육에서 문제 풀이가 중요한 평가 기준으로 자리 잡은 데 기인한 것입니다.

수학 자존감을 낮추는 학습결손에는 두 가지 종류가 있다고 했죠! 하나는 수학 개념의 이해 실패로 인한 학습결손이고, 다른 하나는 문제 풀이의 실패로 인한 학습결손인데요. 두 가지 모두 중요하지만, 둘 중에서 결정적인 것은 수학 개념 이해의 실패로 인한 학습결손입니다.

수학교육의 가장 중요한 목표는 수학 개념의 완벽한 이해여야 합니다. 학습과정에서 예제와 문제를 푸는 것은, 수학 개념을 완벽하게 이해하는데 도움을 주기 위함이고요. 수학 개념 이해의 실패로 인한 학습결손은, 연관된 수학 개념을 배울 때 학습결손이 누적되는 원인이 됩니다. 학습결손이 누적되면 아이의 수학 자존감에 큰 상처를 남기고, 결국에는 수포자가 되고 맙니다.

문제 해결의 실패도 수학 자존감에 상처를 주는 건 맞습니다. 특히, 입시 위주의 교육에서 문제 해결의 실패는 진로선택에 직접적인 영향을 줄 수 있기 때문에 그 상처가 크고 깊을 수 있는데요. 여기에도 치명적인 오해가 있습니다.

• • •

문제 해결에 실패하는 이유는
수학 개념의 완벽한 이해에 실패했기 때문입니다!

다시 말해서, 수학 개념의 이해 없이 문제해결력을 기를 수 있다는 믿음?은 틀린 겁니다. 당연히 문제 해결에 성공하기 위해서는 문제와 관련된 수학 개념을 완벽하게 이해하고 있어야 합니다. 이것이 수학 공부의 핵심이 수학 개념의 완벽한 이해가 되어야 하는 이유입니다.

수학 개념을 완벽하게 이해한 후에 진행하는 반복 학습 과정에서는 난이도가 높은 문제를 풀게 되는데요. 풀이에 실패한 문제는 색깔 있는 펜으로 정성껏 별표를 해놓았다가, 다음 반복 학

습 과정에서 다시 풀면 됩니다. 한 번 풀이에 실패했던 문제를 두 번째 도전에서 해결하면, 성취감도 느끼고 자신의 실력이 나아졌다는 믿음도 갖게 됩니다. 이런 성취감이야말로, 힘든 수학 공부 과정에서 얻을 수 있는 선물입니다. 만약에 두 번째 시도에서도 문제 풀이에 실패하면, 다른 색깔의 볼펜으로 별표를 추가하고 나중에 다시 도전하면 되는 거예요. 하지만, 개념 이해의 실패는 문제 풀이의 실패처럼 간단하지 않습니다.

• • •

수많은 개념들이 서로 연결되어 하나의 수학이 됩니다!

수학은 수많은 개념들이 서로 연결되어 만들어진 학문입니다. 서로 관련된 수학 개념들을 '징검다리'에 비유할 수 있는데요. 개울을 안전하게 건너기 위해서는 징검다리가 일정한 간격으로 놓여 있어야 합니다. 중간에 징검다리 몇 개가 사라졌다고 생각해보세요. 중간에 끊어진 징검다리로는 개울을 안전하게 건널 수 없습니다.

하나의 수학 개념을 이해하는데 실패하면, 관련된 여러 개의 수학 개념들도 이해할 수 없습니다. 앞에 놓인 징검다리가 모두 사라지는 것과 같은 거예요. 당연히 개울을 건너는 것도 불가능합니다. 수학 공부에서 모든 수학 개념을 완벽하게 이해하는 것은, 선택의 문제가 아니라 필수불가결의 문제입니다. 수학 교육과정이 계열적 구조로 되어 있기 때문인데요. 한 개념의 학습결손은 연관된 다른 개념의 학습결손으로 이어져서 학습결손이 계속하여 누적될 수밖에 없는 구조입니다.

아이들이 새로 배우는 수학 개념을 이해하는데 도움을 주기 위해서는, 예제나 비교적 쉬운 문제를 푸는 것이 좋습니다. 어려운 문제는 복습 과정이나 시험공부할 때 풀어도 충분하고요. 예습 과정에서부터 지나치게 어려운 문제를 풀게 하면, 오히려 수학 자존감에 상처를 줄 수 있는데요. 개념을 완벽하게 이해하지 못한 상태에서는 어려운 문제의 풀이에 실패할 가능성이 매우 높기 때문입니다. 예습이나 개념학습 과정에서는 예제와 쉬운 문제를 풀면서 성공 경험을 쌓고, 이를 통해 수학 자존감을 높이는 것에 집중해야 합니다.

• • •

계열성이 강한 수학교육과정에서는
하나의 학습결손이 또 다른 학습결손을 유발합니다.

수업 또는 학습 과정에서 경험하는 모든 학습결손이 아이들을 수포자로 만들 수 있는 수학의 골든타임입니다. 따라서 각 학년에서 아이들이 어려워하는 수학 개념들이 무엇인지를 파악할 필요가 있는 거고요. 어떤 개념들이 아이들의 학습결손을 유발할

수 있는지에 대한 판단은 결코 쉬운 일이 아닙니다. 특히 수학이나 수학교육을 전공하지 않은 분들은 더욱 어렵고요. 이런 일은 수학을 전공하고, 또 오랜 기간 아이들에게 수학을 지도해 본 경험이 있는 사람이 해야 합니다. 제가 이 책을 쓰는 이유가 여기 있습니다.

제6부에서는 초등학교 1학년부터 고등학교 미적분에 이르기까지의 수학 내용 중에서, 각 학년별로 학습결손을 유발할 수 있는 대표적인 수학 개념들을 선정하고, 그 수학적 의미를 설명했습니다. 아이들이 어려워하는 수학 개념들을 중심으로 학습계획을 세우고, 학습결손 발생 여부를 확인하시기 바랍니다.

2부

수포자의 탄생

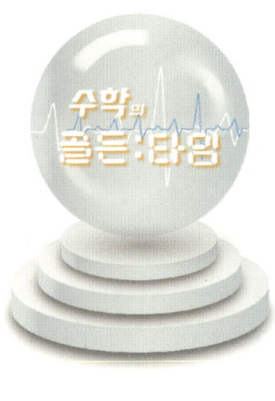

 수학의 골든타임

전 수포잔데요!

누구나 '수포자'란 말을 한 번쯤 들어봤을 겁니다. 말 그대로 "수학을 포기한 자"를 말합니다.

'왜 하필 수학일까요?'

'영포자', '국포자', '과포자', '사포자'라는 말은 없잖아요.

우리나라에서 수포자라는 말을 처음 쓰기 시작한 건 생각보다 오래되지 않았습니다. 수포자는 2008년 10월 16일자 한겨레신문에서 '**수**리영역 **포**기**자**'의 줄임말로 처음 사용되었는데요. 당시에는 대학진학을 위해 선택하는 수능영역에서, 수리영역을 선택하지 않는 학생들이 많은 현실을 지적하는 의미로 쓰였습니다.

많은 분들이 수포자와 수학학습부진아를 혼용해서 쓰고 있는데요. 이 둘 사이에는 명확한 차이가 있습니다.

학습부진아의 정의는 "정상적인 학교학습을 할 수 있는 잠재능력이 있으면서도, 환경요인이나 그것의 영향을 받은 성격, 태도, 학습습관 등의 요인으로 인해 교육과정상에 설정된 학습목표에 비추어 볼 때, 최저 학업성취 수준에 도달하지 못한 학습자"를 말합니다. 학습부진아는 객관적인 평가를 실시하고, 그 결과 최저 학업성취수준에 도달하지 못한 학습자를 말하는데요. 학습부진아는 자신의 의지와는 상관없이 객관적인 평가에 의해서 '선정'됩니다.

반면에 수포자는 타인이 선정하는 것이 아니라, 전적으로 자신의 의지에 따라 스스로 '선택'하는 겁니다. 수포자를 구분하는 시험이나 기준 같은 것은 존재하지 않습니다. 따라서 "나는 수포자입니다!"는 가능하지만 "너는 수포자야!"는 불가능한 거예요.

사실 수포자는 수학 성적과도 관련이 적습니다.

수포자를 나누는 '커트라인' 같은 것은 애당초 존재하지 않기 때문인데요. 수학 성적이 높더라도 스스로 수학을 포기하겠다고 결심하면, 그 순간부터 수포자가 되는 겁니다.

학습부진아와는 달리 수포자는 객관적인 대상이라기보다는 심리적이고, 주관적인 판단의 결과라는 점에 주목해야 합니다. 반대로 생각하면, 어제까지 수포자였어도 오늘부터 수학 공부를 다시 시작하겠다고 결심하면, 그 학생은 더 이상 수포자가 아닌 겁니다.

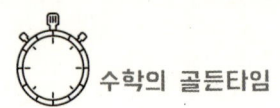 수학의 골든타임

전 수포잔데요!

　중학교 2학년 수학을 가르칠 때의 일입니다.
　1학기 1차평가가 얼마 남지 않아서 아이들이 시험 준비에 신경을 쓰는 시기였는데요. 중학교 올라와서 처음 보는 시험인지라 다들 긴장하고 있었습니다. 1학년은 자유학년이라 시험이 없었거든요.
　아이들의 긴장도 풀어 주고, 시험공부 부담도 덜어줄 겸해서 시험범위를 다시 복습해 주고 있었는데요. 시험에 나올만한 문제들을 TV화면에 띄워놓고 설명하는데, 준형이가 책상에 엎드려 있는 거예요. 아이들에게 문제를 풀어 보라 하고, 준형이 어깨를 가볍게 주물러 주면서 깨웠습니다. 늘 있는 일이라 준형이도 겸연쩍게 웃으면서 허리를 폈습니다.
　'준형아! TV에 있는 문제와 풀이를 노트에 적어봐!'
　평소에도 수학에 별 관심이 없다는 걸 알고 있었지만, 준형이도 충분히 풀 수 있는 문제라고 생각했습니다. 중요한 개념이면서도 풀이 과정은 간단했거든요.
　"전 수포잔데요!"
　준형이가 몰랐냐는 표정을 지으며 한 말입니다. 3월에도 잠을 깨우는 저에게 준형이가 했던 말이기도 한데요. 전에 말했는데,

2부 수포자의 탄생

까먹었냐는 표정이었습니다. 저는 당연히 기억하고 있었습니다. 그 일로 짧게나마 상담도 했었거든요.

'알아! 근데 이 문제는 그다지 어렵지도 않고, 또 시험에 나올 수 있어!'

수학을 포기했어도 예제의 풀이를 참고하면 충분히 풀 수 있는 문제였습니다. 기껏해야 3줄짜리 풀이 과정이라, 그냥 틀리게 두는 것이 너무 안타까웠고요. 그런데 준형이가 약간 어이없다는 표정을 지으면서, 다시 말하는 거예요.

"저 수포자라니까요!"

준형이의 말은 "수학 공부할 마음이 없다."라는 뜻이었는데, 제가 알아듣지 못했던 거였습니다. 선생님이 알려주는 문제가 시험에 나오든, 나오지 않든 관심이 없었던 겁니다.

처음에는 준형이의 반응을 이해하지 못했습니다.

'문제와 풀이를 적어보면 시험에서 한 문제를 풀 수 있는데, 얘가 왜 이럴까?'

• • •

수학시간마다 엎드려 있는 아이!
앞으로 4년을 더 엎드려 있어야 하는 아이!

준형이에게 시간 좀 내줄 수 있냐고 물어봤습니다. 언제, 어떤 계기로 수포자가 되었는지 궁금하기도 했고, 학교생활은 어떤지

이야기를 듣고 싶었거든요. 점심식사가 끝난 후에 교사휴게실에서 상담을 했습니다.

'선생님 수업이 재미없지!^^'

분위기를 부드럽게 만들려고 농담을 한 거지만, 솔직히 스스로 생각해도 제 수업은 재미가 없습니다. 열심히는 가르치는데, 지나치게 진지하고 영~ 재미가 없는 선생님이 딱 제 모습이거든요.

'선생님이 궁금해서 그러는데~'

최대한 준형이의 기분이 상하지 않게 조심하면서, 몇 가지 물어봤습니다.

'혹시~ 언제부터 수포자가 됐어?'

준형이도 나름 진지하게 생각해보더군요. 하지만, 오래된 일이라 정확하게는 기억나지 않는 것 같았습니다.

"수포자는 잘 모르겠고요."

"수학시간에 엎드려 잠을 자기 시작한 건, 초등학교 5학년 때부터였던 것 같아요."

"어차피 선생님 설명을 전혀 알아들을 수가 없었거든요."

'그럼 그때부터 수학시간마다 계속 엎드려 있었던 거야?'

"어차피 알아듣지도 못하고, 수학시간만 되면 그냥 짜증이 나더라고요."

이후에도 다섯 번 정도 상담을 했습니다. 상담이라고 해봤자 점심식사 후에 길어야 20분 정도였기 때문에, 긴 이야기를 나누지는 못했는데요. 그래도 준형이가 매번 약속시간을 지켜줬고 진지한 태도로 이야기를 나눴기 때문에, 짧은 시간임에도 나름 의미 있는 대화를 나눌 수 있었습니다.

솔직히 저는 준형이가 수포자가 된 이유를 알고 싶었습니다. 이유를 알면 수포자에서 벗어나는 방법도 찾을 수 있을 것 같았기 때문인데요. 하지만 준형이 자신조차도, 수학을 싫어하게 된 특별한 이유를 기억해 내진 못했습니다.

・・・

**사실 수포자가 되는 특별한 이유가 없거나,
기억나지 않는 게 당연합니다.**

학습결손은 학생 스스로도 인지하지 못하는 경우가 많습니다. 인지한다고 해도, 선생님의 설명이 이해되지 않는 것을 심각하게 생각하는 학생은 거의 없고요. 수업시간에 잠시 딴짓?을 하는 경우는 너무도 많잖아요. 그러다가 어느 순간부터는, 수업시간에 선생님이 설명하는 수학 내용이 전혀 이해되지 않게 되는 거예요. 자신도 모르는 사이에 학습결손이 누적되다 보니, 더 이상 손을 쓸 수 없는 단계까지 이른 겁니다.

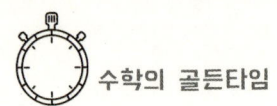 수학의 골든타임

• • •

학습결손이 누적되다 보면,
자신도 모르는 사이에 수포자가 되고 맙니다!

준형이를 포함해서 대부분의 수포자들은, 특별한 이유가 있어서 수학 공부를 포기한 것이 아닙니다. 어느 학년, 어느 단원에선가 학습결손이 발생했는데, 그 학습결손을 제때 해결하지 못하고 그대로 방치했던 건데요. 계열적 구조로 이뤄진 수학에서는 학습결손을 '도미노게임'의 스틱에 비유할 수도 있습니다. 도미노게임에서 하나가 넘어지면 뒤에 있는 모든 스틱들이 쓰러지듯이, 연관된 모든 수학 개념에서 학습결손이 발생하게 됩니다.

하지만, 도미노게임은 언제든지 다시 시작할 수 있습니다. 쓰러진 스틱들은 다시 세우면 되니까요. 마찬가지로, 오랜 기간 누적되어 있는 학습결손들도 언제든지 해결할 수 있습니다. 현재 학년에서 배우는 수학 개념의 완벽한 이해에 집중하고, 예제와 쉬운 문제들을 풀면서 예습을 하면, 수업시간에 선생님의 설명을 충분히 이해할 수 있습니다.

'혹시 수학 공부 다시 해 볼 생각이 있어?'

준형이에게 수학 공부는 지금부터 시작해도 늦지 않았다는 말을 해주었습니다. 물론 갑자기 수학이 좋아지거나 문제를 잘 풀 수는 없겠죠. 하지만 조금만 신경 쓰면, 수업시간에 선생님의 설명을 이해하는 것은 그다지 어려운 일이 아닙니다. 쉽게 대답을 하지 못하는 준형이에게 한 가지 노하우를 알려줬습니다.

● ● ●

5분 예습!

'수학 수업이 시작되기 전에 5분만 투자하자!'
"5분이요?"

5분이라는 말에 준형이도 관심을 보이더군요. 쉬는 시간 5분 동안에, 오늘 배울 단원의 수학 개념과 풀이가 있는 예제를 눈으로 읽어보는 건데요. 수학 개념과 예제의 풀이를 이해할 필요도 없습니다.

'그냥, 이번 시간에 배울 내용을 읽어 보기만 하면 돼!'

45분 수업에 보통 2~3쪽 정도 진도를 나가는데요. 글자 수가 적은 수학책 2~3쪽을 읽는 것은 5분이면 충분합니다.

"전혀 이해하지 못해도 상관없어요?"

'한 번 읽고 이해할 정도면, 네가 수포자가 아니겠지.^^'

● ● ●

수업 전 5분 예습의 효과는 실로 대단합니다!!

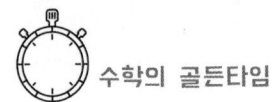
수학의 골든타임

　수업 전 5분 예습의 효과는 실로 엄청납니다! 지금이라도 당장 시작해 보세요. 수업시간에 선생님의 설명이 전부 이해되는 기적?을 경험할 수 있을 겁니다. 이처럼 수업 전 5분 예습이 엄청난 학습효과를 내는 이유가 있습니다.

　첫째, 자기주도적인 학습태도를 보이는 겁니다.
　비록 5분이지만, 오늘 배울 내용을 미리 읽어보는 것 자체가 주도적으로 학습할 준비를 하는 거잖아요. 마지못해 의자에 앉아 있는 사람과 관심을 가지고 앉아 있는 사람은 학습의 출발점이 아예 다릅니다.

　둘째, 스스로 학습을 선택하는 행위입니다.
　누가 억지로 시켜서 하는 일이 아니라, 본인 스스로의 선택에 의해 학습을 준비하는 거잖아요. 자신의 의지로 학습을 선택하고 실천하는 것보다, 더 적극적이고 효과적인 학습방법이 있을까요?

　셋째, 수업내용이 익숙하게 느껴집니다.
　수학을 포기했던 아이가 한 번 읽어본다고 해서, 그 내용을 이해하지는 못할 겁니다. 하지만 쉬는 시간에 읽었던 개념과 내용을 수업시간에 다시 들으면, 그 내용이 낯설지가 않습니다. 오히려 수학 개념이 익숙하게 느껴지고, 선생님의 설명이 어느 정도 이해되는 경험을 하게 됩니다.

넷째, 수학 개념이나 용어의 정의에 '밑줄'을 그으면서 읽으면, 5분 예습의 효과는 몇 배나 커집니다.

눈으로 읽으나 밑줄을 그으면서 읽으나 시간은 별 차이가 없습니다. 하지만 밑줄의 효과는 매우 큽니다. 수업시간에 선생님이 설명하는 내용에 이미 밑줄이 그어져 있는 거잖아요! 밑줄이 그어진 내용은 이미 내가 봤던 것이라는 익숙함에 더하여, 집중도가 높아지는 효과가 있습니다.

다섯 번째, 누구나 할 수 있습니다.

5분 예습은 수학을 잘하는 아이나, 못하는 아이 상관없이 누구나 할 수 있습니다. 시간적인 부담도 없고, 학습에 대한 거부감도 적습니다. 더욱이 꼭 쉬는 시간이 아니어도 됩니다. 쉬는 시간은 화장실에 다녀오거나, 친구들과 교류할 수 있는 소중한 시간이잖아요. 수업 전 쉬는 시간이 아니더라도 아침 독서시간이나 점심시간, 또는 집에 있는 시간에서 5분만 할애하면 됩니다.

준형이도 '5분 예습'에 관심을 보이더군요. 아무래도 저의 말빨?에 말려든 것 같았습니다.^^

"한번 해 볼게요!!"

이후에는 저도 관심을 가지고 지켜보며 격려해 주었습니다. 아

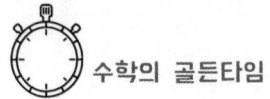 수학의 골든타임

무리 5분이지만, 어떤 일을 꾸준히 한다는 것은 매우 어려운 일입니다. 좋다는 것을 알면서도 새로운 습관을 만든다는 것은, 어른에게도 쉽지 않은 일이잖아요.

매번 꼬박꼬박 5분 예습을 한 건 아니었지만, 준형이의 수업태도는 확실히 나아졌습니다. 그날 이후로 제 수업시간에 엎드려 자는 모습은 볼 수 없었습니다.

2부 수포자의 탄생

수학을 포기하는 이유

수포자는 '**수**학을 **포**기한 **자**'의 줄임말이라고 했죠! 여기서 '포기'는 어디까지나 주관적인 판단에 의한 결정이잖아요. 따라서 객관적인 평가에 의해서 선정되는 학습부진아와는 달리, 수포자인지 아닌지는 본인만 알 수 있습니다.

20년 넘게 중·고등학생들에게 수학을 가르쳐왔고, 또 매일 같이 다양한 이유로 수학을 포기한 아이들을 만나는 입장에서, 한 가지 분명하게 말하고 싶은 게 있습니다.

• • •

수포자가 되는 것은 아이들의 잘못이 아닙니다!

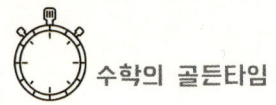
수학의 골든타임

2018년 '사교육 걱정 없는 세상'이라는 단체에서 전국 초·중·고등학생 7,719명을 대상으로 '수학을 포기한 학생'의 비율을 조사했는데요. 그 결과가 매우 충격적입니다.

수학을 포기한 학생 비율		
초등학교	중학교	고등학교
36.5%	46.2%	59.7%

수포자가 되는 이유는 수학성적뿐만 아니라, 심리적인 요인도 큰 부분을 차지합니다. 반복되는 학습결손으로 인해 자존감에 큰 상처를 입은 후에야 수포자가 되기 때문인데요. 따라서 수포자는 수학 자존감이 매우 낮은 사람이라고 볼 수 있습니다. 그런데 그 비율이 너무 높습니다.

• • •

학교가 아이들에게 무슨 짓을 하고 있는 걸까요?

물론 학교만의 문제는 아닙니다. 가장 큰 책임이 입시 위주의 교육정책에 있다는 것은, 모두가 알고 있는 사실이잖아요. 하지만 그걸 인정한다고 해도 초등학생의 36.5%, 중학생의 46.2%가 자신을 수포자라고 생각한다는 것은 우리나라의 학교교육, 특히

2부 수포자의 탄생

수학교육이 비정상적으로 운영되고 있음을 단적으로 보여주는 증거입니다.

수포자는 수학시간에 선생님의 설명을 전혀 이해하지 못할 겁니다. 그럼 수포자인 아이가 수학시간에 할 수 있는 일은 무엇일까요?

'딴짓?을 하거나, 잠을 자거나!'

일주일에 4시간씩, 무려 12년 동안이나, 수포자는 지겹고 힘든 수학시간을 견뎌야 합니다. 현재와 같은 입시 위주의 학교교육에서는 수포자를 불가피한 산물?정도로 여깁니다. 수포자를 위한 회복프로그램 같은 건 없습니다. 각자 알아서 살길?을 찾아야 하는 거예요. 더욱이 수학을 포기한 책임을 전적으로 아이에게 묻고 있고요.

'수포자가 된 건이 정말 아이의 책임일까요?'

수학뿐만 아니라, 모든 교과의 공부 목표는 당연히 '의미의 이해'와 '가치의 발견'입니다. 문제의 풀이는 수학 개념을 완벽하게 이해하고, 그 가치를 발견하는데 도움을 주기 위함이고요. 따라서 문제해결능력은 수학 개념의 의미와 가치를 완벽하게 이해한 이후에 길러도 전혀 늦지 않습니다.

하지만, 현실은 이와 반대입니다. 입시 위주의 교육에서 수학 문제해결능력은 무엇으로도 대체할 수 없는 확고한 평가기준으로 자리를 차지하고 있습니다. 이로 인해 초등학생부터 고등학생에 이르기까지, 전국의 모든 학생들이 의미도 모른 채 문제 풀이

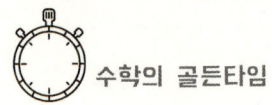 수학의 골든타임

에만 내몰리고 있는 거예요.

　반면에 수학교육의 가장 중요한 핵심목표여야 하는 수학 개념의 완벽한 이해와 가치의 발견은 해도 되고 안 해도 그만인, 그저 그런 취급을 받고 있습니다. 수학 개념의 의미와 가치의 이해는 학습목표, 교육내용, 평가항목 등 그 어디에서도 찾아볼 수 없습니다.

● ● ●

입시 위주의 교육이 수포자 양산의 주범입니다!

　저는 수포자의 비율이 이렇게 높은 이유가 입시 위주의 교육에 있다고 봅니다. 입시에서는 수학이 나름, 쓸모 있는 변별 도구이거든요. 매년 수능에서는 학생들을 변별한다는 명목으로, 학교교육을 충실하게 받은 학생들은 도저히 풀 수 없는 킬링문제를 내고 있는데요. 킬링문제의 폐단은 수포자를 양산하는 것에서 그치지 않습니다. 학부모와 아이들에게 학교교육만으로는 부족하다는 불안감과 공포감을 심어주고, 아이들을 사교육으로 밀어 넣고 있습니다.

● ● ●

사교육을 받지 않으면 대학에 갈 수 없어!
-From 교육부.

마지막까지 수포자가 되지 않고 살아남은 아이들도 사교육의 먹이가 될 뿐, 수학의 의미를 이해하거나 수학의 가치를 발견하지는 못합니다. 단지 경쟁에서 살아남기 위해 아등바등하면서, 의미도 모르는 문제를 죽어라 풀고 있는 겁니다. 사정이 이렇다 보니, 고등학교에서 수학성적이 좋았던 학생들도 대학에서는 수학을 전공하지 않는 거고요.

입시교육이 아이들을 수포자로 만드는 가장 큰 원인인 것은 분명합니다. 그런데 입시 위주 교육의 폐단은 단지 수포자에만 국한하지 않습니다. 우리나라의 학교교육은 아이들의 지식뿐만 아니라 '정서Emotion'까지 파괴하고 있음을 보여주는 연구결과가 있습니다.

・・・

현재의 학교교육은
아이들 성장을 가로막는 걸림돌일 뿐입니다!

KEDI에서 2013년 4월 1일 기준으로 전국 초등학교 6학년생부터 고등학교 2학년생까지 전체 학생 중 총 3,594,979명을 대상으로 '인지적 역량', '사회적 역량', '자율적 역량', '건강' 등 4개 영역으로 나누어 조사했었습니다.

여기서는 4개 영역 중에서 사회적 역량(공감, 의사소통)과 자율적 역량(자기정체성, 자기주도학습, 진로목적의식)에 대해 설명

할 건데요. 이 연구결과는 우리나라 학교교육의 문제점을 객관적인 지표를 통해서 정확하게 지적하고 있습니다.

학년	공감 역량	의사 소통역량	자기 정체성	자기 주도학습	진로 목적의식
초6	3.73	3.61	4.03	3.43	3.76
중1	3.81	3.67	3.98	3.40	3.68
중2	3.74	3.65	3.86	3.32	3.56
중3	3.73	3.64	3.81	3.28	3.56
고1	3.75	3.71	3.83	3.27	3.59
고2	3.73	3.69	3.78	3.25	3.56

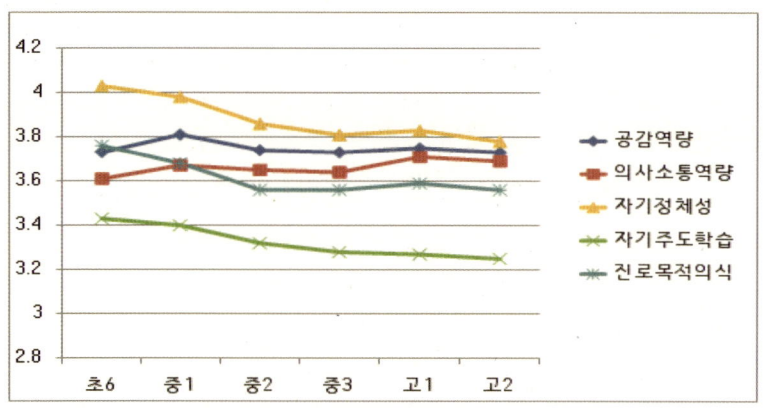

그림에서 보듯이 초등학교 6학년부터 고등학교 2학년까지, '자기정체성', '진로목적의식', '자기주도학습능력'이 꾸준히 감소하

고 있습니다. '공감능력'은 정체되어 있고요. 유일하게 '의사소통 능력'은 소폭 증가하는데요. 이것도 학교교육의 긍정적인 결과로 보기에는 무리가 있습니다. 아이들이 성장함에 따라 언어능력이 좋아진 것이 아닐까요?

・・・

학교가 아이들에게 무슨 짓을 하고 있는 걸까요?

다른 것은 몰라도 자기정체성, 진로목적의식, 자기주도학습능력은 학교를 다니는 동안 꾸준히 성장해야 하는 거 아닌가요? 그런데 오히려 학교교육을 받는 기간이 길어질수록, 자기정체성, 진로목적의식, 자기주도학습능력이 지속적으로 낮아지고 있습니다. 도대체 학교가 아이들에게 무슨 짓을 하고 있는 걸까요?

'혹시 이 결과를 납득할 수 있나요?'

전 납득할 수 없습니다. 학교는 아이들의 성장을 돕기 위해 있는 거잖아요. 그런데 연구결과는 학교가 존재해야 하는 이유가 없음을, 오히려 학생들의 성장에 걸림돌이 되고 있음을 보여주는 명확한 증거입니다.

KEDI의 연구결과로부터, 현재의 학교교육은 아이들의 성장에 도움이 되기는 커녕, 성장을 가로막고 있음을 알 수 있습니다. 그 중심에 교육부가 있고요. 매년 불수능 문제를 야기하면서, 사

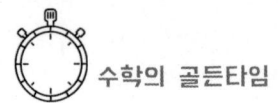

교육에 의존하지 않고는 학생이 원하는 대학에 갈 수 없음을 지속적으로 확인시켜주고 있잖아요. 교육부는 입시에 대한 불안과 공포를 조장하고, 사교육 시장은 쏟아져 들어오는 학생과 학부모들의 돈으로 배가 터질 지경입니다. 이와 같은 부패 커넥션의 피해는 고스란히 학생과 학부모에게 전가되고 있고요. 저는 학교에 다니고 있는 학생들의 과반수가 수포자가 되는 이유도, 이런 부패 커넥션과 무관하지 않다고 생각합니다.

아이들을 수포자로 만드는 원흉은 입시교육입니다. 그 입시교육을 조장하는 주체는 교육부고요. 교육부와 사교육의 부패 커넥션이, 절반 이상의 학생들을 수포자로 만들고 있는 겁니다. 수포자가 되는 것은 절대 아이들의 잘못이 아닙니다. 이 점을 분명히 하는 것이 수포자 문제를 해결하는 출발점이 될 것입니다.

2부 수포자의 탄생

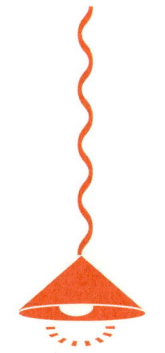

한 번 수포자는 영원한 수포자?!

"한 번 해병은 영원한 해병!"이라는 말을 들어본 적이 있을 거예요. 가장 강한 군대라는 해병대의 자부심을 느낄 수 있습니다. 수학에도 비슷한 말이 있습니다!

• • •

한 번 수포자는 영원한 수포자!

문구는 비슷하지만, 의미는 정반대입니다.

아이들의 상처받은 자존감과 절망감을 느낄 수 있는 말입니다. 학교에서 배우는 여러 과목 중에서도, 수학은 유독 아이들이 어

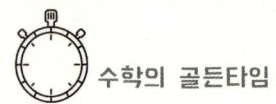 수학의 골든타임

려워하는 과목입니다. 의미를 이해하기도 어려울 뿐만 아니라, 열심히 공부해도 성적이 잘 나오지 않기 때문인데요. 수포자란 말이 생기고, 또 널리 사용되는 이유도 여기에서 찾을 수 있습니다.

수포자는 타인이 아닌, 자신의 결정에 따라 정해지는 거라고 했잖아요. 수포자가 되는 것은 자존감의 문제인 거죠. 학습결손이 누적되다 보면, 어느 순간부터 "나는 수학을 못한다."라거나 "나에게 수학은 너무 어렵다."라는 부정적인 인식이 커지고, 결국 수학 공부를 포기하게 됩니다.

"스스로 수학을 포기한 자"라는 정의를 생각할 때, 수포자였던 학생이 다시 수학 공부를 시작하는 순간부터, 그 학생은 더 이상 수포자가 아닙니다. 이론적으로는 수학 공부를 다시 시작하겠다는 스스로의 판단과 실천에 따라서, 언제든지 수포자에서 벗어날 수가 있는 건데요. 왜 다들 "한 번 수포자는 영원한 수포자"라고 말하는 걸까요?

• • •

수포자에서 벗어나기 어려운 이유?!

'수포자에서 벗어나기 어려운 이유가 뭘까요?'

단지 책상에 앉아서 수학책을 펼치고, 문제를 풀기 시작하면 되는 거잖아요. 약간의 의지만 있으면 되지 않나요? 그다지 어려

2부 수포자의 탄생

운 일처럼 보이지도 않는데, 왜 이걸 못할까요?

"의지가 부족한 거 아냐?"

약간의 의지만 있으면, 누구나 수포자에서 벗어날 수 있을 것 같습니다. 실제 많은 사람들이 '수포자는 의지가 부족한 아이'라는 편견을 가지고 있는데요. 하지만, 의지만의 문제가 아닙니다!

수포자 중에는 의지력과 실천력이 높은 아이들도 꽤 많습니다. 다른 과목에서 높은 성취도를 보이거나, 뚜렷한 진로목표를 가지고 열심히 노력하는 아이들도 많고요. 이런 아이들에게 의지가 부족한 아이라는 꼬리표?를 붙이는 것은 옳지 않습니다. 그렇다면, 수포자에서 벗어나기 어려운 이유가 뭘까요? 그 이유는 크게 두 가지가 있습니다.

첫째, 무너진 수학 자존감을 되살리기 어렵습니다.

'자존감 Self-Esteem'은 "자신을 존중하는 마음"입니다. 당연히 수학 자존감은 "스스로 수학을 잘 할 수 있다는 마음 또는 자신감"이라고 할 수 있는데요. 한 번 꺾인 수학 자존감을 되살리는 것은 정말 어려운 일입니다.

수포자는 학습결손의 누적으로 인해 스스로 수학을 포기하는 사람이잖아요. 수업시간에 선생님의 설명을 전혀 이해하지 못하는 상황이 오랫동안 지속된 경우가 많습니다. 수포자로 지낸 기간에 비례하여, 수학 자존감의 상처도 큰데요. 결국 "나는 수학

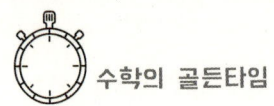 수학의 골든타임

공부를 할 수 없다."는 생각을 고착시키고, 무기력감에 빠지게 됩니다.

낮은 수학 자존감과 무기력감을 이겨내고 수학 공부를 다시 시작하기 위해서는, 아이 혼자만의 '의지', '결심', '동기' 같은 내부적 요인만으로는 부족합니다. 어른들도 한 번 무기력감에 빠지게 되면, 혼자 힘으로 이겨내기 힘들잖아요. 아직 어린 아이들이 오랫동안 누적되어 온 수학에 대한 절망감, 두려움, 무기력감을 이겨내고, 다시 수학 공부를 시작한다는 것은 무척이나 힘든 일입니다.

• • •

'넌 할 수 있어!'라는 말은 공허한 헛소리?에 불과합니다!

'너도 수학을 잘할 수 있어!'

힘을 주는 격려처럼 들리지만, 수학 자존감이 매우 낮은 수포자에게는 의미 없는 잔소리에 불과합니다. 수포자에게 필요한 건 말이 아니거든요. 매우 작고 가치 없어 보일지라도, 수학학습에서의 '성공 경험'이 필요합니다.

이런 성공 경험을 제공하기 위해서는 실질적으로 수학 공부를 도와줄 수 있는 현명한 멘토가 필요합니다. 제가 굳이 '현명한' 멘토라고 한 이유가 있는데요. 수학의 의미와 가치, 그리고 수학 공부의 가장 중요한 목표가 수학 개념을 완벽하게 이해하는 것임을 알고 있는 멘토가 필요하기 때문입니다. 현명한 멘토는 수학 개념의 완벽한 이해, 그리고 예제와 쉬운 문제의 풀이를 통해 성공 경험을 충분히 제공하는데 집중합니다. 작지만 지속적인 수학의 성공 경험만이, 부정적인 자아개념을 이겨내고 수학 자존감을 되살릴 수 있습니다.

둘째, 오랜 기간 누적된 학습결손을 해결할 수 있는 방법을 찾기 어렵습니다.

수학 교육과정은 계열적 구조를 갖는다고 했죠. 수학 교육과정은 연관된 개념들을 난이도에 따라서 여러 학년으로 나눠서 배우는 나선형 교육과정입니다. 나선형 교육과정의 장점은 저학년에서는 비교적 쉬운 개념을 배우고, 그 개념을 이용해서 고학년에서 어려운 개념을 배우기 때문에 학생들의 학습 부담을 줄여준다는 점입니다.

반면에 나선형 교육과정의 치명적인 단점이 있는데요. 저학년에서 학습결손이 생기면, 고학년에서 배우는 관련 개념을 이해하기 어렵다는 점입니다. 한 마디로, 하나의 학습결손은 그것만으로 끝나지 않고, 연관된 수학 개념을 배울 때 새로운 학습결손을 유발하는 원인이 됩니다. 이와 같이 계열적 구조는 학습결손이 누적될 가능성이 매우 높다는 단점을 가지고 있습니다.

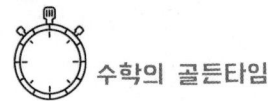 수학의 골든타임

수학 교육과정의 계열성으로 인해 발생하는 학습결손의 누적은, 수포자에서 벗어나는 걸 어렵게 만드는 핵심적인 요인인데요. 학습결손이 누적될수록 수학 자존감이 낮아지고, 낮은 수학 자존감은 새로운 학습결손을 유발하는 악순환의 고리가 만들어집니다.

"어디서부터 공부해야 할지 모르겠어요!"

수포자였던 아이가 수학 공부를 다시 시작하고자 할 때, 가장 먼저 고민하는 것이 바로 "어디서부터 공부하느냐?"의 문제인데요. 오랜 기간 학습결손이 누적되고 기초지식이 부족한 상태인지라, 어디서부터 공부를 시작해야 할지 막막한 느낌을 받습니다.

예를 들어, 초등학교부터 수학을 포기했던 아이가 현재 중학교 2학년이 되었다고 생각해보세요. 다행히도 수학 공부를 다시 시작하기로 결심을 했을 때, 몇 학년 수학부터 다시 공부해야 할까요? 이 질문에 대한 답변은 매우 명확합니다.

'현재 학년의 수학부터 공부해야 합니다!'

수포자로 지낸 기간과 상관없이, 수학 공부는 현재 학년의 수업내용부터 시작해야 합니다. 만약에 현재 중학교 2학년인 학생이 초등학교 수학부터 공부를 한다면 어떻게 될까요? 중학교 2학년 수학시간마다 새로운 학습결손을 경험하고, 또 계속하여 누적될 것입니다.

2부 수포자의 탄생

• • •
현재 학년의 수학에 집중해야 합니다!

 생각해보세요! 수포자였던 아이가 큰 용기와 의지로 다시 수학 공부를 시작한 겁니다. 그 자체만으로도 칭찬받아 마땅하잖아요. 그런데 초등학교 수학부터 열심히 공부하는 거예요. 하지만, 학교 수학 수업시간에 선생님의 설명은 여전히 알아들을 수가 없습니다.

 당연하잖아요. 초등학교 수학을 열심히 공부한다고 해서 중학교 수학을 이해할 수 있는 건 아니니까요. 초등학교 수학을 열심히 공부하는 와중에도, 중학교 2학년 수학에서는 계속하여 학습결손이 누적될 겁니다. 이 아이가 수포자에서 벗어날 수 있을까요?

• • •
결국,
수포자였던 아이는 다시 수포자가 됩니다!

 '그렇다면, 무엇부터 공부해야 할까요?'
 이 질문에 대한 답을 아시겠죠? 당연히 현재 학년의 수학부터 공부해야 합니다. 수포자로 보낸 기간에 관계없이, 수포자에서 벗어나기 위해서는 현재 학년에서 배우는 수학부터 공부를 시작해야 합니다. 처음에는 여전히 수학시간에 선생님의 설명을 이해

하기 어려울 거예요. 학습결손의 누적으로 인해, 처음 보는 수학 개념들이 많을 테니까요. 그래도 예습을 하면서 현재 학년에서 배우는 수학 공부에 집중해야 합니다. 공부하면서 모르는 수학 개념은 인터넷이나 스마트폰으로 검색하면 되고요.

• • •

모르는 수학 개념은 인터넷에서 검색하면 됩니다!

'Naver'나 'Daum'에서 검색하면, 모든 수학 개념의 정의를 정확하게 알 수 있습니다. 예전 교과서를 찾아볼 필요도 없는데요. 지식을 얻기에는 정말 편리한 세상입니다.

예를 들어볼게요. 공부하다가 '소수$_{Prime}$'가 뭔지 모르면, 인터넷에서 소수를 검색해서 찾아보고, 그 내용을 교과서나 수학노트에 정리하면 되는 거예요.

"소수는 1과 자기 자신 이외에 약수를 가지지 않는 수"

그런데, 이번에는 '약수$_{Divisor}$'가 뭔지 모르겠어요. 그럼 다시 인터넷에서 약수를 검색하면 되겠죠!

"약수는 어떤 정수를 나누어떨어지게 하는 0이 아닌 정수"

이렇게 꼬리에 꼬리를 물듯이 모르는 수학 개념을 찾으면 되는 건데요. 의외로 3회 이상 꼬리를 무는 일은 거의 없습니다. 이렇게 현재 학교에서 배우는 수학 공부를 하다 보면, 자연스럽게 선생님의 설명이 이해되기 시작합니다. 이때 잊지 말고 실천

2부 수포자의 탄생

해야 할 3가지가 있습니다.

> 첫째, 5분 예습
> 둘째, 수학노트 정리
> 셋째, 색깔 있는 펜으로 밑줄, 별표, 메모하기

수업시간에 처음 배우는 수학 개념들을 이해하고, 문제를 풀기 위해서는 무엇보다 수업에 '집중'해야 합니다. 당연한 이야기지만, 수포자였던 아이가 수업시간에 선생님의 설명에 집중하지도 않으면서, 내용을 이해하는 것은 불가능합니다. 다음으로, 선생님의 설명을 이해할 수 있는 쉬운 방법이 있는데요. 바로 5분 예습입니다.

'5분 예습의 목표는 미리 봐서 익숙하게 만드는 겁니다!'

투자하는 시간에 비해 5분 예습의 효과는 실로 엄청납니다. 공부할 내용을 미리 보는 '적극적인 태도'와 '익숙함'이 결합하면, 일종의 시너지효과가 생기는데요. 여기에 더하여, 시너지효과를 극대화하는 방법도 있습니다.

5분 예습을 하면서 수학 개념이나 정의에 색깔 있는 펜으로 밑줄을 긋는 건데요. 밑줄을 그을 때, 대충 찍찍? 긋지 말고, '자'를 사용하여 정성껏 선을 그어 보세요. 별거 아닌 것처럼 보일 수 있으나, 그 차이는 매우 큽니다. 밑줄을 그을 때 자를 이

 수학의 골든타임

용하는 것은 공부에 대한 의지와 정성이 있다는 것을 의미하기 때문입니다. 여기에 더하여, 수학노트에 문자와 기호를 사용하여 풀이 과정을 논리적으로 서술하는 습관을 들여야 합니다. 수학노트에 정리하는 습관으로 수학에 익숙해질 수 있습니다.

이런 습관들을 꾸준히 실천하게 되면, 어느 순간부터 선생님의 설명을 이해할 수 있게 되는데요. 저는 이런 순간이 '귀가 뚫리는 순간'이라고 생각합니다. 외국어 듣기를 오랫동안 연습하다 보면, 외국인의 말을 알아듣는 순간이 온다고 하잖아요. 비슷합니다. 수학은 외국어만큼이나, 어떤 면에서는 외국어보다 더 어렵고 낯선 과목이잖아요.

・・・

**수학시간에 선생님의 설명이 이해되는 경험은
수학 자존감을 높여 줍니다!**

수업시간에 선생님이 설명하는 수학내용이 이해되는 경험은 '작은 성공 경험'이라고 할 수 있는데요. 이와 같은 성공 경험들이 모든 수업시간마다 누적된다고 생각해보세요. 학습결손의 누적이 수학 자존감에 상처를 주는 것과 마찬가지로, 작은 성공 경험들이 쌓이면 상처받은 수학 자존감이 치유되고 되살아날 수 있습니다.

5분 예습, 수학노트정리, 색깔 있는 펜으로 밑줄, 별표, 메모 등을 실천하는 것은 특별한 결심이나 의지가 필요한 일이 아닙니다. 실천하는 것도 그다지 어렵지 않고요. 지금부터 바로 시작해 보세요. 5분 예습과 밑줄, 별표, 메모의 효과와 학습결과는 상상을 초월할 정도로 놀랍습니다.

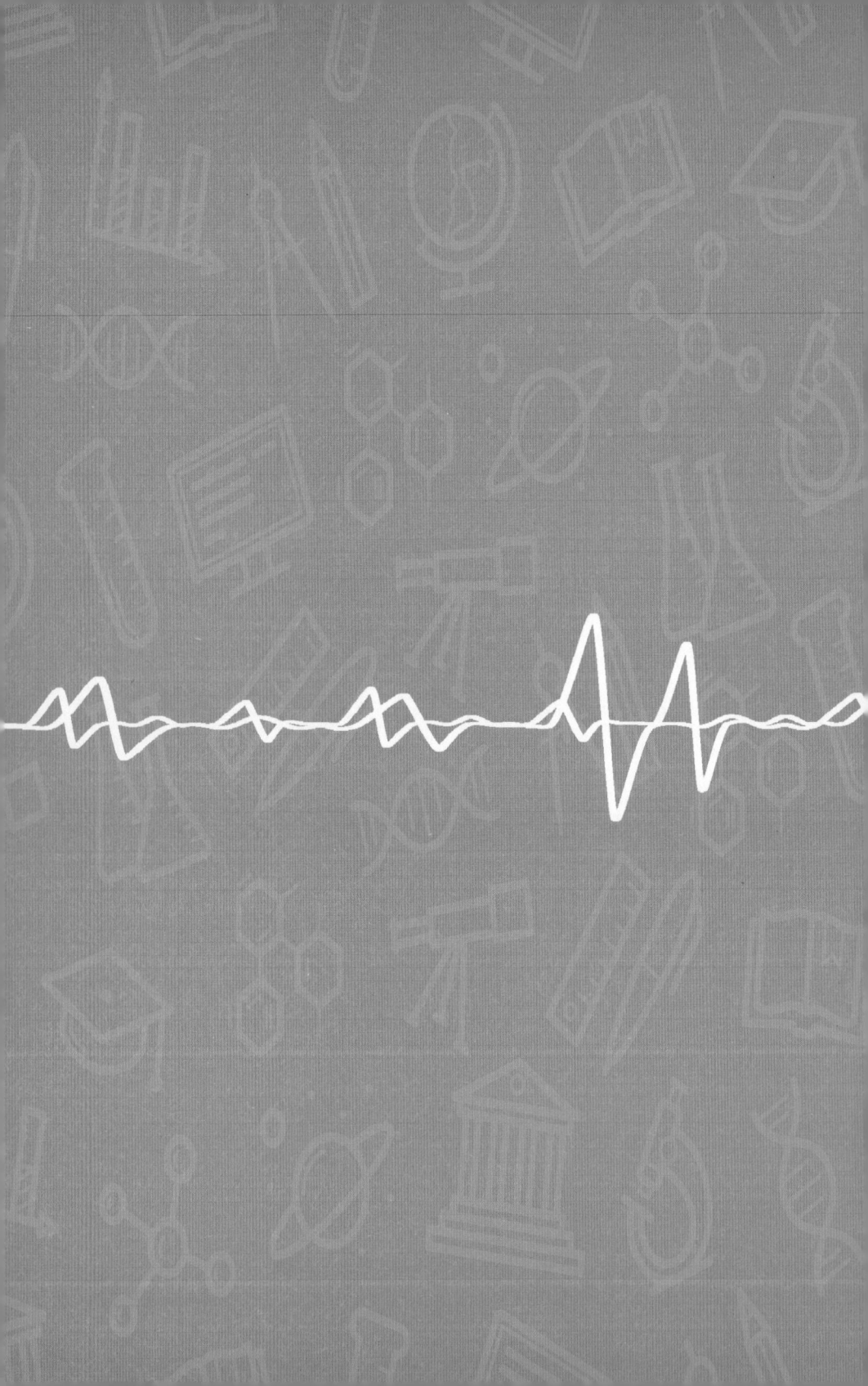

3부

非 수포자

 수학의 골든타임

수포자와 非수포자의 공통점!

스스로 수학을 포기한 학생이 수포자라고 했잖아요! 마찬가지로 수학을 포기하지 않은 학생은 '非수포자'입니다. 비수포자도 타인의 판단이나 객관적인 평가에 의해 정해지는 것이 아니기 때문에, 학생 스스로의 선택에 따라 비수포자인지 아닌지가 정해집니다. 아이들을 수포자로 만드는 일차적인 책임은 입시 위주의 교육에 있습니다. 따라서 어떤 면에서 보면, 비수포자는 치열한 경쟁에서 낙오하지 않고 '살아남은', 또는 '버티고 있는' 학생이라고 할 수 있을 겁니다.

그렇다면, 비수포자는 수학을 어떻게 생각할까요?. 수포자와는 다른 느낌을 받고 있을까요?

3부 非 수포자

질문을 조금 바꿔보겠습니다.

'비수포자는 수학의 의미와 가치를 이해하고 있을까요?'

고등학교를 졸업할 때까지 수학을 포기하지 않고, 꾸준히 공부하는 아이들은 수학에 대해 어떻게 생각하고 있을까요? 먼저 수포자와 비수포자의 공통점을 이야기해 볼게요. 수학을 포기한 아이와 수학을 포기하지 않은 아이는 과연 어떤 공통점을 가지고 있을까요?

• • •

수포자와 비수포자 모두
수학의 의미와 가치를 알지 못합니다!

간혹, 아이들을 대상으로 수학을 좋아하는지 물어볼 때가 있습니다.

'혹시~ 수학을 좋아하는 사람, 손들어 볼래?'

이 질문에 대한 반응은 학교나, 학년에 상관없이 비슷합니다. 거의 대부분의 아이들이 얼굴을 찡그리면서 "에이~"하는 소리를 내거든요. 아이들의 야유?를 받으면서도 꿋꿋하게 손을 드는 아이들이 있습니다. 물론 장난기 가득한 얼굴로 손을 번쩍 들면서 "저요, 저요!"라고 말하는 아이도 있고, 다른 아이들 눈치를 보면서 조심스럽게 손을 드는 아이도 있습니다.

"전 수학이 좋아요!"

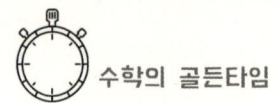 수학의 골든타임

수학이 좋다고 말하는 아이들이 있습니다. 대부분은 수학에서 높은 성취도를 보이는 아이들인데요. 수학을 좋아한다고 말하는 아이들에게 수학을 좋아하는 이유를 물으면, 대답이 거의 비슷합니다.

"어려운 문제를 풀었을 때 기분이 좋아져요!"

솔직한 대답일 겁니다. 수학을 좀 한다하는 사람들은 그 느낌을 잘 알 거예요. 몇 시간 동안이나 풀리지 않던 문제를 해결했을 때 느끼는 성취감은, 어렵고 힘든 수학 공부에서 얻을 수 있는 큰 기쁨이자 보답입니다. 그런데, 어려운 수학 문제를 푸는 이유는 뭘까요? 아이들에게도 비슷한 질문을 자주 하는데요. 이 질문에 대한 답은 너무도 명확합니다.

"대학 가려고요!"

고등학생들에겐 대학 입시, 초·중학생에겐 특수목적고 입시를 준비하기 위해서, 수학 문제 풀이에 많은 시간과 노력을 쏟아붓는 겁니다. 남들과의 경쟁에서 이겨야 하니까요!

・・・

남들이 어려워하는 수학 문제를 난 잘 풀 수 있어!

입시 위주의 교육에서는 다른 아이들보다 상대적인 우위를 차지하는 것이 중요합니다. 특히 남들이 어려워하는 수학에서 높은 성취도를 보인다면, 상대적인 우월감과 높은 자존감을 가질 수 있고요. 아이들이 수학을 좋아한다고 말하는 이유는, 모두가 어려워하는 수학에서 남보다 높은 성취도를 얻었기 때문입니다. 물론 어려운 수학문제를 풀었을 때 느끼는 기쁨이야말로, 수학에서만 느낄 수 있는 성취감이라는 것은 분명합니다. 그럼에도 아이들이 어려운 문제를 푸는 이유가 입시라는 사실에는 변함이 없습니다.

수학을 좋아한다는 아이들의 말을 믿지 못하는 것은 아닙니다. 분명 사실일 거예요. 단지 좋아한다는 느낌의 이유가 수학의 가치에 있지 않다는 점을 이야기하려는 겁니다. 입시교육에서는 학생들에게 수학의 의미와 가치를 가르치지 않기 때문인데요. 당연히 학생들도 배운 적이 없고요. 단지, 남들이 풀지 못한 문제를 해결한, 그리고 경쟁에서 이긴 상대적인 우월감이 수학을 좋아한다는 느낌의 근원이라고 할 수 있습니다.

수학성적이 높다는 것과 수학의 의미와 가치를 이해한다는 것은 다릅니다. 수학 성적은 문제해결능력 중심의 평가 기준에 따라 결정되기 때문인데요. 수학의 의미와 가치는 평가대상에 들어있지도 않습니다. 이렇다 보니, 수업에서조차 수학의 의미와 가치를 다루지 않는 거고요. 아이들이 수학의 의미와 가치를 배울 수 있는 기회는 전혀 없습니다. 사정이 이러니 중·고등학교 수학영재들도 대학에서 수학을 전공하지 않는 겁니다. 어려운 문제를 수도 없이 풀었으면서도, 자신이 푼 문제의 의미나 가치에 대한

# 수학의 골든타임

이해를 한 적이 없으니까요. 수학 문제를 잘 풀 수 있다고 하더라도, 의미와 가치도 모르는 일에 인생을 투자할 수는 없잖아요.

• • •

수학은 너무 어려워요!

수포자와 비수포자 모두 수학을 어려워합니다.

수학이라 하면 먼저 떠오르는 것이 수많은 문제들일 겁니다. 그것도 풀기 어려웠던 문제들을 떠올리게 되는데요. 매일 두세 시간씩 수학 문제를 풀어도, 어려운 문제는 끝없이 나옵니다. 사정이 이렇다 보니, 수학 문제를 잘 푸는 학생들도 수학시험에서 느끼는 긴장감은 매우 높습니다. 비수포자 중에서 수학시험을 보다가 손에 땀이 날 정도의 긴장감을 경험해보지 않은 사람은 거의 없을 겁니다.

"갑자기 풀이 방법이 생각나지 않았어요!"

"열심히 풀었는데, 예시에 내가 구한 답이 없는 거예요!"

시험을 치르는 중간에 이런 일을 겪었다고 생각해보세요. 생각만으로도 긴장감을 느낄 수 있을 겁니다. 저도 시험을 보다가 심장이 요동치고, 눈앞이 노래지면서 아무것도 생각나지 않았던 경험들이 많이 있습니다.

그런데, 수학시험에 이렇게 어려운 문제를 출제하는 이유는 무엇일까요? 수업시간에 선생님의 설명을 정확하게 이해하고, 교육과정에서 요구하는 학습목표에 도달한 학생이라면, 누구나 100점을 받을 수 있어야 하잖아요. 사실 수학시험에 말도 안 되게 어려운 문제를 출제할 이유는 전혀 없습니다. 수학교육과정에서 요구하는 핵심개념들을 제대로 이해했는지를 확인하는 것이, 평가의 주된 목적이기 때문인데요. 이렇게 어려운 문제를 시험에 내는 이유는 오직 한 가지입니다.

"선별Selection!!"

지금과 같은 입시 위주, 경쟁 위주의 교육에서는 학생들을 성적순으로 나열하는 것을 평가의 가장 큰 목표로 삼고 있습니다. 난이도가 높은 문제로 상위권 아이들을 변별할 수 있거든요. 이런 상황에서 학생들이 할 수 있는 건, 자신이 풀고 있는 문제의 의미와 가치도 모른 채 기계적으로 문제를 푸는 겁니다. 일단 높은 성적을 얻어서 경쟁에서 살아남아야 하니까요.

・ ・ ・

교육? vs. 선별!

'평가의 목적이 교육인가요? 아니면 선별인가요?'

평가의 사전적인 의미를 찾아보면 교육이 목적인 것은 맞습니다. 학생들이 학습목표에 도달했는지를 확인하고, 도달하지 못했을 때는 보충지도를 제공하기 위해 평가를 하는 거예요. 하지만 안타깝게도 현재의 평가는 목적을 교육이 아닌 선별에 두고 있

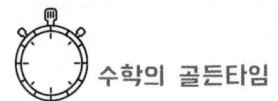

습니다. 학생들을 성적에 따라 일렬로 나열해 놓으면 자르기? 쉽 잖아요.

현재의 학교교육은 철저하게 왜곡되어 있다고 했죠. 가치의 발견은 사라지고, 입시와 경쟁만 있습니다. 그런데 그 왜곡의 중심에 수학을 놓은 거예요. 수학에서 수학의 의미와 가치를 제거하고, 의미도 없고 가치도 없는, 오직 변별만을 목적으로 하는 수많은 문제들을 가장 높은 자리에 올려놓은 겁니다. 그러니 비수포자에게도 수학은 그저 어렵고, 부담되고, 짜증 나는 과목일 뿐입니다.

입시교육에서 밀려난 수포자나, 밀려나지 않기 위해 애쓰는 비수포자 모두에게 수학은 날카로운 가시와 같습니다. 끝없이 수학 자존감에 상처를 남기기 때문인데요. 비수포자도 입시가 끝나면, 힘들게 공부했던 수학을 모두 잊어버린다는 점에서 수포자와 다를 게 없습니다. 단지 수학을 포기?하는 시점의 차이가 있을 뿐입니다.

3부 非 수포자

전 수학에 재능이 없나 봐요!

　선호는 중학교 1학년에 다니는 선배 아들입니다. 선배의 부탁으로 한 달에 한 번 정도 만나서 수학 공부 방법이나, 수학 문제에 관한 조언을 해주었는데요. 선호는 수학과 과학에 관심이 많은 아이였습니다. 이야기를 나누다가 선호의 과학지식에 놀랐던 적도 있고요.

　6월에 미팅을 했는데요. 수학 공부 방법에 관해 이야기를 나누다가, 며칠 전에 읽었던 과학기사가 생각났습니다.

　'선호야! 혹시 보이저 1, 2호라고 들어봤어?'

　별다른 기대를 한 건 아니었습니다. 그래도 우주과학에 관심이 많은 아이라, 제가 읽었던 과학기사를 들려주고 싶었던 건데요.

 수학의 골든타임

혹시~ 독자분은 보이저Voyager 1호와 2호에 대해 들어보셨나요?

* 보이저 1호
NASA가 제작한 무게 722kg의 태양계 무인 탐사선으로, 1977년 9월 5일에 발사되었습니다. 1979년 3월 5일에 목성, 1980년 11월 12일에 토성을 탐사했고, 2013년 9월에 인류 역사상 처음으로 성간우주Interstellar Space에 진입했습니다.

* 보이저 2호
NASA가 제작한 무게 722kg의 태양계 무인 탐사선으로, 1977년 8월 20일에 발사되었습니다. 1979년 7월 9일에 목성, 1981년 8월 26일에 토성, 1986년 1월 24일에 천왕성, 1989년 2월에 해왕성을 탐사했습니다.

우리가 봤던 목성, 토성, 천왕성, 해왕성과 그 위성들의 사진은 모두 보이저 1호와 2호가 찍어서 보낸 겁니다.

목성	토성	천왕성	해왕성

3부 非 수포자

　기사의 제목은 "성간우주에 진입한 보이저 2호!"였는데요. 불과 몇 년 전에 성간우주를 탐사하는 내용의 영화 "인터스텔라Interstellar"가 전 세계적으로 큰 이슈를 만들면서 흥행에도 성공했었습니다. 저도 우주과학에 관심이 많은 편이라, 그 기사를 읽으면서 보이저 1, 2호와 태양계 구조에 관한 내용을 인터넷에서 찾아봤는데요. 기사를 참 재밌게 읽었습니다.
　"예! 알아요! 며칠 전에 뉴스 봤어요!"
　'어? 진짜?!'
　선호가 우주과학에 관심이 있다는 것을 알고 있었지만, '중학교 1학년 아이가 알아봤자 얼마나 알겠어?' 하는 생각이 들었는데요. 보이저 1, 2호뿐만 아니라, 태양계 관련 이야기에 막힘이 없더군요. 수학에 관한 이야기는 잠시 잊은 채, 두 시간 넘게 우주과학 관련 이야기를 이어갔습니다.

* 41년의 비행 끝에 태양권 경계를 넘어 '성간우주'로 진입한 보이저 2호에 관한 이야기
* 지구로부터 176억km 거리에 있는 보이저 2호가 보낸 전파는 빛의 속도로 16시간 30분이 지난 후에야 수신할 수 있다는 이야기
* '은하' 주변을 공전하는 '태양'의 속도에 관한 이야기
* '태양계'의 행성들이 원판 모양의 공전 궤도를 갖고 있는 이유

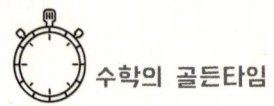

'이걸 다 어떻게 알았어?'

선호의 지식이 그저 놀라울 뿐이었습니다. 어른들도 이해하기 어렵거나, 알지 못하는 부분까지 정확하게 이해하고 있었거든요. 선호도 저처럼 기사를 읽다가 잘 모르는 내용은 인터넷을 검색하면서 읽었다고 하더군요. 이야기할 때, 선호의 눈빛은 호기심과 즐거움으로 가득했는데요. 이야기하는 내내 그 눈빛이 참 좋았습니다.

• • •

관심과 호기심!!

저는 아이들의 관심과 호기심을 길러주는 것을 진정한 교육이라고 생각합니다. 관심 있는 일이나 호기심 있는 일을 하면서 힘들다고 느끼거나, 스트레스를 받지는 않잖아요. 오히려 즐거움과 만족감이 높아질 거예요.

선호에게도 보이저 2호나 우주과학 련 정보를 찾아서 읽는 일은, 분명히 지식을 넓히는 공부였습니다. 하지만 누가 시켜서 하는 일이 아니고, 스스로의 관심과 호기심을 충족시키기 위한 공부였기에, 만족감이나 즐거움이 더 컸을 거라 확신합니다.

• • •

호기심이 사라지면
더 이상의 공부나 성장도 없습니다!

3부 非 수포자

'네가 관심 있는 공부를 계속하면 좋겠어!'

선호는 단순히 호기심만 가지고 있는 것이 아니라, 자신의 호기심에 대한 답을 얻고자 스스로 공부할 줄 아는 아이였습니다.

'선호야! 네 호기심이 부럽다!'

아직 어린 선호에게 일종의 부러움을 느꼈습니다. 나이 들어 어른이 되면, 호기심이나 관심도 사라져버리거든요. 모든 게 당연하고, 익숙하며, 무료하게 느껴집니다. 더 이상의 성장이 없으니 기쁨이나 행복도 느끼지 못하고, 항상 무표정한 얼굴로 살고 있습니다. 그 날은 선호와 거의 두 시간 넘게 수학과 과학에 대해 이야기를 나눴는데요. 저에게도 꽤 즐거운 시간이었습니다.

"혹시~ 시간 좀 내줄 수 있을까?"

8월에 선배로부터 문자가 왔습니다. 선호가 수학 공부에 자신감을 잃고 힘들어한다며, 상담을 부탁하는 거였는데요.

'그럼요! 슬럼프가 온 모양이네요.'

평소에 수학 공부를 꾸준히 해왔고, 진로 목표도 뚜렷한 아이인지라 그다지 걱정되지는 않았습니다. 마침 집에 광학현미경을 가지고 있었는데요. 선호에게 잠시 쉬면서 식물 잎들을 관찰해보라고 권할 생각이었습니다. 늘 보던 동네 카페에서 만나기로 미팅 약속을 잡았습니다.

'오랜만이야! 잘 지냈어?'

 수학의 골든타임

약속한 날 카페에서 선호를 만났습니다. 공부를 하다보면 누구나 슬럼프를 겪잖아요. 거의 예외가 없습니다. 시원한 음료수를 마시면서, 상투적인 이야기로 대화를 시작했습니다. 학교생활에 관한 이런저런 이야기를 하다가, 본격적으로 선호의 고민을 듣게 되었는데요. 예상했던 대로, 슬럼프가 온 것이 분명해 보였습니다.

• • •

최근 들어서 수학 문제가 안 풀리고, 공부하고 싶은 의욕도 없어요!

'공부가 안될 땐 잠시 쉬어가는 게 좋아!'

슬럼프가 왔을 때는 공부를 잠시 접어두고, 네가 좋아하는 것들을 하면서 시간을 보내라고 이야기했습니다. 더욱이 선호는 중학교 1학년이라, 시험에 대한 부담감도 가질 필요가 없었고요. 수학과 과학 공부를 꾸준히 해오고 있던 터라 여유를 가져도 된다는, 그런 이야기를 들려주었는데요. 잠시 후에 예상치 못한 반전이 있었습니다.

선호가 가방 가득 담아왔던 책들을 테이블 위에 올려놓는 거예요. 테이블 위에는 학원에서 공부하고 있는 10여 권의 수학책들이 쌓였습니다.

3부 非 수포자

* 중학교 1, 2, 3학년 수학은 수준별로 '센00',
　　　'하이00', '최상위00'
* 고등학교 1학년 수학 상, 하
* 고등학교 2학년 수학1, 수학2

여기에 <미분·적분>을 추가로 수강 신청을 해야 할지 고민 중이라는 말까지 덧붙였습니다. 선호는 중학생이 된지, 이제 겨우 5개월밖에 안 된 아이입니다. 지금까지 학원에 다니면서 중학교 1, 2, 3학년 과정은 최소한 3번 이상 반복했고요. 고등학교 1학년 과정은 두 번째 공부 중이라고 했습니다.

학원에서는 매번 높은 수준의 문제집을 내밀면서 같은 과정을 끝없이 반복시키고 있었는데요. 한 권을 끝낼 때마다 난이도가 더 높은 새로운 문제집을 내밀면서, "아직 부족하니 좀 더 노력해야 한다."고 아이를 몰아붙이고 있었습니다.

'이걸 다 동시에 공부하고 있다고?'

"예! 중학교 1, 2, 3학년 수학 3강좌, 고등학교 1, 2학년 2강좌를 듣고 있어요."

'정말! 그게 가능한 거야?'

'그럼 거의 매일 수학학원에 다니겠네?'

"예! 하루도 빠짐없이, 그런데 수학 공부를 열심히 하는데도, 매번 모르는 문제가 나와요."

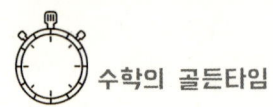

솔직히 어이가 없었습니다. 중학교 1학년 아이가 중학교 1, 2, 3학년 수학과 고등학교 1, 2학년 수학을 동시에 공부하고 있다는 것이 도저히 믿기지 않았거든요. 아마도 테이블 위에 쌓여 있는 책들과 선호의 설명이 없었다면 믿지 않았을 겁니다. 매번 난이도가 높은 문제집으로 바꿔가면서, 문제 풀이를 무한 반복시키고 있다는 말을 들었을 때는 화가 나더군요. 어이없음과 놀라움에 잠시 멍하게 있다가, 선호가 하는 말을 듣고서야 정신을 차렸습니다. 아니 정신을 차려야겠다고 생각했습니다.

• • •

전 수학에 재능이 없나 봐요!

"몇 번을 봤는데도, 매번 못 푸는 문제가 나와요"
"아무래도 수학과는 안 맞는 것 같아요!"

같은 문제집을 여러 번 반복해서 공부해도 못 푸는 문제가 있습니다. 못 푸는 문제가 있는 건 너무도 당연한 거예요. 모든 문제를 다 풀 수 있으면, 더 이상 공부할 필요가 없는 것 아닌가요?

'매번 난이도가 높은 문제집으로 바꾸는 거잖아! 못 푸는 문제가 있는 게 당연한 거 아냐?!'

반복 학습의 효과를 높이기 위해서는, 교재를 바꾸면 안 됩니다. 색깔 있는 펜으로 밑줄, 별표, 메모를 하면서 세상에 하나뿐인 나만의 책을 만들고, 같은 책으로 여러 번 반복 학습을 해야

3부 非 수포자

하는데요. 선호가 다니는 수학학원에서는 반복 학습할 때마다, 난이도가 높은 문제집으로 교체를 하고 있었습니다. 못 푸는 문제가 있는 건 너무나 당연한 거고, 예습과정에서 문제집을 매번 바꾸는 것은 최악의 공부 방법입니다. 아이를 지치게 만들 뿐이니까요.

더욱이 중학교 1, 2, 3학년 수학과 고등학교 1, 2학년 수학을 동시에 공부하는 것은 도저히 납득할 수 없었습니다. 중학교 1학년 학생이 감당할 수 있는 공부량이 아닐뿐더러, 수학의 계열적 구조를 전혀 이해하지 못한 겁니다. 말 그대로, 이해하지도 못하는 수학 개념들을 무조건 암기시키고, 문제를 풀도록 몰아붙인 거였습니다.

선호에게 슬럼프의 원인이 학원인 것 같다고 말하고, 여러 가지 문제점들을 설명해 주었습니다.

* 공부량이 지나치게 많은 것
* 매번 난이도가 높은 책으로 바꾸는 것
* 중학교 1, 2, 3학년 수학을 끝도 없이 반복 학습 시키는 것
* 중학교 1, 2, 3학년 수학과 고등학교 1, 2학년 수학을 동시에 공부하는 것

중학교 1학년이 중학교 수학부터 고등학교 수학까지 모든 문제를 풀 수 있다면, 더 이상 학교를 다니거나 공부할 필요가 없

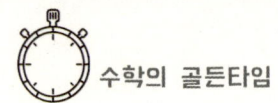 수학의 골든타임

잖아요. 또 예습은 수학 개념을 완벽하게 이해하고, 예제와 쉬운 문제만 풀어보는 것만으로도 충분하고요. 예습과정에서부터 난이도가 높은 문제를 포함해서, 모든 문제를 완벽하게 풀어야 한다며 아이를 다그쳐서는 안 되는 겁니다. 어려운 문제는 복습과정에서 몇 문제씩 풀거나, 해당 학년이 되어서 풀어도 충분합니다.

불과 두 달 전만해도, 선호는 수학과 과학에 관심이 많았던 아이였습니다. 꾸준한 공부로 성취감도 높았고요. 하지만 호기심 가득한 눈빛으로, 보이저2호와 태양계의 움직임에 대해 이야기하던 아이는 더 이상 존재하지 않았습니다.

"수학을 포기해야 할까요?"

제 앞에 있는 아이는 두 달 전에 봤던 선호가 아니었습니다. 끝도 없이 이어지는 수학 문제 풀이에 지치고, 수학 자존감에 크게 상처 입은, 그로 인한 무기력감에 더 이상 아무것도 하기 싫다는 낯선 아이가 앉아 있었습니다.

• • •

선호는 더 이상 호기심 가득했던 눈빛을
가지고 있지 않았습니다.

이야기를 나누는 내내 참 답답하고 안타까운 생각이 들었습니다. 수학학원 원장만을 욕할 일도 아니었고요. 경쟁 위주의 입시교육에서 남들을 이기기 위해서는 어쩔 수 없다고 이야기할 수도 있습니다. 그럼에도 많이 안타까웠습니다. 입시교육이 수학을 좋아했던 한 아이를 어떻게 망치는지 눈앞에서 보고 있는 거잖아요.

아무래도 부모님과 함께 이야기를 나눌 필요가 있다고 생각되어 선배에게 연락을 했습니다. 당일 선배는 다른 일정이 있었고, 형수님이 근처에 계셔서 함께 이야기를 나눌 수 있었는데요. 셋이서 마주 앉아 선호의 이야기를 충분히 들은 후에, 몇 가지 조언을 해주었습니다. 수학에 관한 조언은 바로 이어지는 "완벽한 수학 공부법"에서 설명할 예정이고요. 여기서는 중학교 생활과 슬럼프를 이겨내는 방법에 대해서 했던 이야기만 간단히 소개할게요.

첫째, 중학교 때는 다양한 분야에 관심을 가져보라.

중학교 3년은 다양한 분야의 공부와 체험을 하면서, 자신의 적성에 맞는 진로를 탐색하는 기간입니다. 교과뿐만 아니라, 비교과활동에도 적극 참여할 필요가 있고요. 교과에도 국어, 영어, 사회, 역사, 과학 등 다양한 영역이 있잖아요. 수학만 있는 것이 아닙니다. 그동안 선호는 수학 공부에 매몰되어서, 다른 공부나 취미활동을 전혀 하지 못하고 있었는데요. 자신의 꿈이 뭔지, 또 좋아하는 것은 무엇인지 생각해볼 겨를도 없어 보였습니다. 과도한 수학 공부로 인해 지치고, 자존감에 상처 입고, 무기력감에

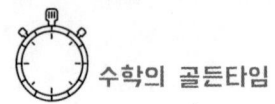 수학의 골든타임

빠진 아이로 변했습니다.

"수학을 못하면 끝장이잖아요!"

'절대 그렇지 않아!'

선호는 수학을 못하면, 자신의 꿈인 우주과학자가 될 수 없다고 믿고 있었습니다. 선호의 수학 실력은 최상위 수준이었고, 선행학습도 지나칠 정도로 많이 되어있음에도, 어려운 문제를 풀지 못하는 자신에 대해 실망하고 있었습니다.

저는 오히려 수학 공부의 비중을 최소한으로 줄이고, 다른 과목에 관심을 가져보라고 권했습니다.

'수학은 여러 교과 중 하나일 뿐이야!'

중학교 시절에는 다양한 분야에 관심을 가지면서, 자신이 정말 좋아하는 것이 무엇인지를 발견하는 것이 중요합니다. 그 과정에서 겪게 되는 시행착오는, 아이를 성장하게 하는 밑거름이 될 거고요.

둘째, 잘못된 것은 바로잡고, 힘들 땐 잠시 쉬어가라.

'중학교 수학 강좌는 당장 끊어!'

중학교 1, 2, 3학년 과정을 세 번이나 반복 학습을 한 상태이기 때문에, 학원 도움을 받을 필요 없이 혼자서 공부하라고 조언했습니다.

'고등학교 1학년 수학만 3회 정도 반복 학습을 하자!'

3부 非 수포자

단 고등학교 1학년 수학은 계속하되 공부하는 책을 바꾸지 말고, 색깔 있는 펜으로 밑줄, 별표, 메모를 하면서 나만의 책을 만들라고 했습니다.

수학에 관한 이야기를 끝낸 후에, 광학현미경을 테이블 위에 올려놓고 사용방법을 알려주었습니다.

'힘들 땐 잠시 쉬어가는 거야!'

저는 가끔 산책로 주변에 있는 나무들의 잎을 따다가 현미경으로 관찰해보는데요. 나뭇잎마다, 또 계절마다 서로 다른 모양을 보는 재미가 작지 않습니다.

'주변에 있는 나뭇잎이나 풀잎을 관찰해봐!'

현미경 사용방법을 알려주면서, 카페 앞 화단에 있는 잡초 잎을 따다가 관찰했습니다. 다행히도 흥미를 보이더군요. 하루 10분 정도만 투자해서, 집 근처 식물들의 잎을 관찰해보라고 권했습니다.

미팅을 끝내고 집으로 걸어오는 내내 마음이 답답하고 화가 났습니다. 입시 위주의 교육이 아이들에게 무슨 짓을 하고 있는지를 다시 한 번 확인한 느낌이었습니다. 아이들의 호기심을 빼앗고, 성장을 가로막는 입시교육을 언제까지 두고 봐야 하는 걸까요? 두 시간 넘게 우주에 관해 이야기하던, 호기심 가득한 눈빛을 다시 볼 수 있을까요?

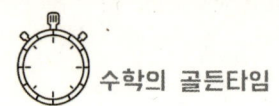 수학의 골든타임

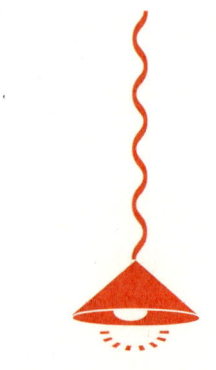

완벽한 수학 공부법

선호에게 들려주었던 이야기를 중심으로, 수학의 특징에 맞는 '완벽한 수학 공부법'에 대해 이야기해 볼게요. 완벽한 수학 공부법을 찾기 위해서는 먼저 수학이 무엇인지 알아야 합니다.

• • •

수학은 영원히 변하지 않는 성질을 탐구하는 학문이다!

수학은 "영원히 변하지 않는 성질을 탐구하는 학문"입니다. 하지만, 우리가 사는 세상에 영원히 변하지 않는 것은 없잖아요. 모든 것이 변하고, 또 사라집니다. 따라서 수학의 진정한 가치는 "모든 것이 불확실한 세상에 영원히 변하지 않는 기준과 질서를 제공하는 것"이라고 할 수 있습니다. 대부분의 미래학자들이 미래사회에서 요구하는 핵심역량으로, '수학적 사고능력'을 꼽는 이유가 여기에 있습니다. 변화무쌍한 세상에서 흔들림 없는 가치를 볼 수 있는 능력이야말로, 아이들에게 필요한 핵심역량이라는 겁니다.

수학의 의미와 가치를 이해했다면, 다음으로 수학 공부가 무엇인지를 알아야 합니다. 수학 공부란 "추상적인 수학 개념을 이해하고, 문자와 기호를 사용하여 풀이 과정을 논리적으로 서술하는 능력을 기르는 것"입니다.

· · ·

수학 공부는 추상적인 수학 개념을 이해하고, 문자와 기호를 사용하여 풀이 과정을 논리적으로 서술하는 능력을 기르는 것!

수학 공부의 핵심은 수학 개념의 완벽한 이해에 있습니다. 모든 수학 개념은 현실 세계에 존재하지도 않고, 눈으로 볼 수도 없는 추상적인 개념입니다. 낯설고 어려운 것이 당연한데요. 수학 공부는 이런 수학 개념을 완벽하게 이해하고, 익숙해지는 방법으로 진행해야 합니다.

수학이 무엇인지, 또 수학 공부가 무엇인지 이해했다면, 완벽한 수학 공부법을 찾는 것은 그다지 어려운 일이 아닙니다. 이제 아이들의 수학 자존감을 높이는 '완벽한 수학 공부법'에 대해 설명을 시작하겠습니다.

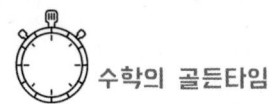 수학의 골든타임

첫째, 공부의 목표를 수학 개념의 완벽한 이해에 두어야 한다.

수학 공부는 수학의 의미와 가치를 이해하는 것이 목표입니다. 물론, 경쟁 위주의 입시교육에서는 문제해결능력이 중요합니다. 특히, 고등학생이 되면 많은 문제들을 풀면서, 문제해결능력을 기르는 것이 맞고요. 하지만 간과하면 안 되는 사실이 있습니다. 문제해결능력도 수학 개념의 완벽한 이해를 바탕으로 하고 있다는 겁니다. 특히, 선행학습에서는 예제와 쉬운 문제를 풀면서, 수학 개념을 완벽하게 이해하는 것에 집중해야 합니다. 어려운 문제는 수학 개념을 완벽하게 이해한 후에, 반복 학습 과정에서 풀어야 하고요. 그렇게 해야 수학 자존감에 상처를 받지 않으면서도, 성취감을 느끼는 공부를 할 수 있습니다.

둘째, 내가 모르는 것을 찾고, 그것을 해결하는 것이 진정한 공부다!

공부하다 보면, 당연히 풀지 못하는 문제가 있습니다. 누구도 예외가 없는데요. 수학 개념을 완벽하게 이해하지도 못한 상태에서 문제 풀이에만 집착하게 되면, 심각한 결과를 초래할 수 있습니다. 앞에서 선호가 겪었던 슬럼프와 무기력감을 기억하실 거예요. 호기심 가득한 눈빛으로, 공부와 탐구를 즐기던 아이까지 수포자로 만들 수 있습니다.

3부 非 수포자

• • •

**내가 모르는 것을 발견하고, 그것을 해결하는 것이
진짜 공부입니다!**

 수학 개념을 완벽하게 이해한 후에 내가 풀지 못하는 문제를 찾고, 이것을 해결하는 것이 진짜 공부라는 점을 기억해야 합니다. 안 풀리는 문제는 색깔 있는 펜으로 별표를 한 후에, 풀이 과정을 수학노트에 잘 정리하면 되는 거예요. 그리곤 다음 반복 학습 과정에서 별표가 있는 문제의 해결에 도전하면 되는 겁니다. 문제를 풀면 큰 성취감을 선물로 받을 거고요. 풀지 못하면 다른 색깔로 별표 하나를 더 추가하고, 다음을 기약하면 되는 겁니다.

 셋째, 반복 학습을 통해 수학에 익숙해지기!
 수학은 추상적인 개념들과 실생활에서는 사용하지 않는 문자와 기호를 사용하여, 풀이 과정을 논리적으로 서술하는 과목입니다. 낯설고 어렵습니다. 이런 특징을 가지고 있는 수학에 가장 적합한 공부 방법이 바로 '반복 학습'입니다. 낯설고 어려운 수학 개념을 이해하기 위해서는, 적어도 3회 이상 반복 학습을 해야 하는데요. 전체 내용을 3회 이상 반복 학습하게 되면, 머릿속에 '개념지도'가 만들어집니다. 개념지도가 만들어지면, 문제를

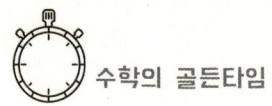 수학의 골든타임

풀 때 문제와 관련된 개념들이 무엇인지를 알 수 있는데요. 이 정도 수준이 되면 문제해결능력이 급속도로 상승하게 됩니다. 또한, 반복 학습 과정에서 몇 문제씩만 어려운 문제를 풀기 때문에 학업 스트레스를 최소한으로 줄이면서도 매우 높은 학업성취도를 얻을 수 있습니다.

반복 학습의 효과를 극대화하기 위해서 꼭 기억해야 할 것이 있습니다. 절대 문제집을 바꾸면 안 된다는 건데요. 매번 문제집을 바꾸게 되면, 수학 개념과 문제들이 낯설게 느껴집니다. 당연히 추상적인 수학 개념, 문자와 기호, 논리적인 풀이 과정에 익숙해지는 데 도움이 되지 않고, 두 배 이상의 시간과 노력이 필요합니다.

넷째, 세상에 하나뿐인 나만의 책을 만들어라!

반복 학습의 효과를 극대화하기 위해서 반드시 기억해야 하는 것이 있습니다. 세상에서 하나뿐인 나만의 책을 만드는 건데요. 나만의 책을 만들기 위해서는 다음의 두 가지를 실천해야 합니다.

• • •

세상에 하나뿐인 나만의 책을 만들어라!

3부 非 수포자

하나, 색깔 있는 펜으로 밑줄 긋고, 별표하기!

먼저 개념 설명이 잘 되어 있고, 수준별 문제가 적절히 안배되어 있는 문제집을 한 권 선택하세요. 그리고 공부하면서 중요한 개념과 문제에 색깔 있는 펜으로 밑줄을 긋고, 별표를 하는 겁니다. 반복 학습의 횟수에 따라서 사용하는 펜의 색깔을 달리해야 하고요.

예를 들어, 1회 학습에서는 빨간색, 2회 학습에서는 파란색, 3회 학습에서는 보라색 펜을 쓴다고 생각해보죠. 1회 학습을 하면서 풀지 못한 문제에 빨간색 펜으로 별표를 하는 겁니다. 그럼 2회 학습에서는 중요개념과 빨간색 별표가 있는 문제만 풀면 되고요. 2회 학습에서도 풀지 못한 문제에는 파란색 펜으로 별표를 합니다. 3회 학습에서는 빨간색과 파란색 별표가 모두 있는 문제만 집중해서 풀면 되는 거예요. 이와 같은 공부 방법은 학습효율뿐만 아니라, 공부 시간도 크게 단축시켜주는 효과가 있습니다. 나중에 다시 복습하거나 시험공부를 할 때는, 세 가지 색깔의 별표가 있는 문제만 풀어보면 되기 때문에, 짧은 시간에 전체 내용을 완벽하게 복습할 수 있습니다.

둘, 단권화하기!!

공부할 내용이 많고, 공부할 시간은 부족할 때 사용하는 방법 중에 '단권화(單券化)'가 있는데요. 주로 고시공부를 하는 분들이 많

이 사용하는 공부 방법입니다. 단권화는 "여러 권으로 되어있는 책들을 한 권으로 요약하거나 합치는 것"으로, 평소에 공부를 하면서 단권화를 해 두면, 최소의 시간을 투자하여 최고의 공부 효과를 얻을 수 있습니다.

중·고등학교에서 학생들이 공부해야 할 수학 개념과 풀어야 할 수학 문제의 수는 매우 많습니다. 어차피 모든 문제를 다 풀 수도 없고, 풀 필요도 없습니다. 각 단원에서 대표적인 문제들을 유형별로 정리해 놓은 문제집을 한 권 선택하여 공부하면 됩니다. 자신이 선택한 문제집에 없는 문제들은, 관련 단원의 여백에 메모하면서 단권화 작업을 해두세요. 다른 책에 있는 문제나, 선생님이 나눠주는 프린트의 문제를 나만의 책에 옮겨 적는 건데요. 실제 메모해야 할 문제들의 개수는 생각보다 많지 않습니다.

● ● ●

**자신이 공부하는 책에 없는 문제들은
관련 단원 또는 비슷한 문제 옆에 메모해 두세요!**

한 권의 책 또는 문제집으로 3회 이상 반복 학습을 하다 보면, 각 단원에서 해결하지 못하는 문제들은 몇 개 남아 있지 않습니다. 이 정도의 공부가 진행되면 다른 문제집에 있는 문제들이나, 선생님이 나눠주는 프린트의 문제들도 거의 풀 수 있고요. 풀지 못하는 문제들은 자신의 책에 옮겨 적어두면 되는 겁니다.

문제를 똑같이 옮겨 적어도 되고, 문제의 핵심만 요약해서 메모형식으로 적어도 상관없습니다. 단권화 작업을 통해서 세상에 하나뿐인 나만의 수학책이 완성되면, 학습효율은 큰 폭으로 높아지게 됩니다.

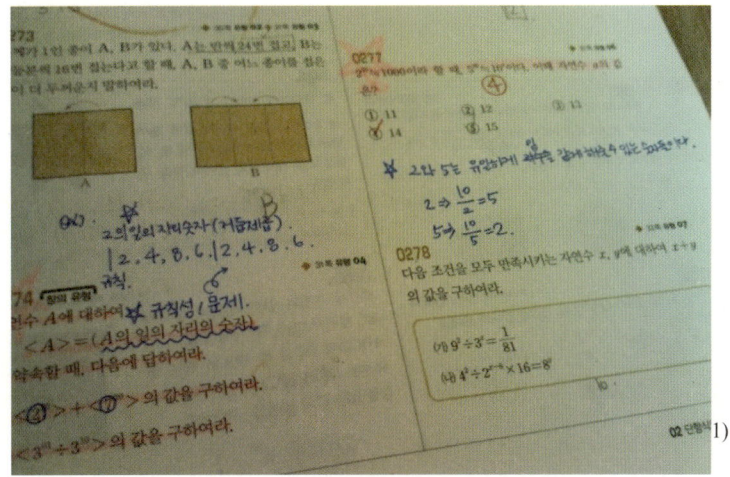

[기출문제멘토 쫑이 문제집 정리]

다섯째, 수학노트에 정리하라!

초등학생은 물론이고, 대부분의 중학생들도 풀이 과정을 논리적으로 서술하는 것에 익숙하지 않습니다. 문제를 풀 때, 여백에 그적?거리다가 바로 답을 쓰는 경우가 많은데요. 이런 습관을 반드시 고쳐야 합니다.

수학의 골든타임

• • •

수학 공부는 기호와 문자를 사용하여
풀이 과정을 논리적으로 서술하는 능력을 기르는 겁니다.

문자와 기호를 사용하여 풀이 과정을 논리적으로 서술하는 능력을 기르지 않으면, 수학 공부를 열심히 해도 실력이 늘지 않습니다. 한 문제를 풀더라도 논리적인 풀이 과정을 직접 손으로 써야 합니다. 문자와 기호를 사용하여 풀이 과정을 논리적으로 서술하는 능력을 기르는데, 가장 효과적인 방법이 하나 있습니다.

• • •

수학노트에 수학 개념과 풀이 과정을 정리하는 습관!

바로, 수학노트에 정리하는 겁니다. 추상적인 수학 개념, 그리고 실생활에서 사용하지 않는 문자와 기호를 사용하여 풀이 과정을 논리적으로 서술하는 능력은 쉽게 길러지지 않습니다. 수학노트를 준비해서 1년 이상 손으로 쓰는 연습을 꾸준히 해야 익숙해질 수 있는데요. 수학 공부의 핵심에 수학노트 정리가 있다고 해도 과언이 아닙니다. 정윤이와 아빠표 수학을 진행할 때도, 처음 1년 동안은 '수학노트에 수학 개념과 풀이 과정을 정리하는 습관 만들기'에 공을 들였던 이유입니다. 문자와 기호를 사용하여

3부 非 수포자

풀이 과정을 논리적으로 서술하는 것에 익숙해진 후에는, 수학 개념에 대한 이해능력, 표현능력, 문제해결능력이 향상되는 속도가 더욱 빨라지는데요. 적은 시간을 투자하고도 높은 성취도를 얻을 수 있기 때문에 아이들의 수학 자존감이 매우 높아집니다.

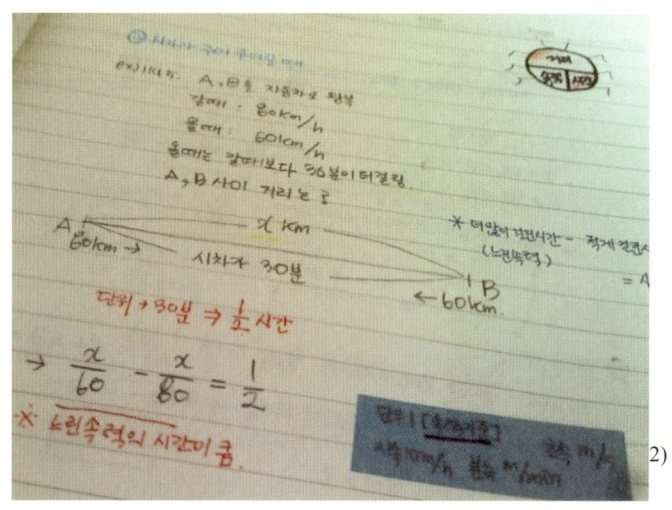

[기출문제멘토 쫑이 수학노트 정리]

여섯째, 문제해결능력은 '익숙함'에서 나온다.

앞에서 반복 학습과 수학노트 정리의 중요성을 설명했죠. 수학은 머리가 좋거나, 계산이 빠른 사람들이 잘한다고 생각하는 분들이 많은데요. 초등학교 수학이면 몰라도, 중·고등학교 수학에서는 틀린 이야기입니다. 수학은 단순히 계산해서 답을 구하는 학문이 아니기 때문인데요. 수학 공부의 핵심은 '논리적 표현 능

력'에 있습니다. 실생활에서 사용하지 않는 수학 개념, 문자, 기호 등을 사용하여 풀이 과정을 논리적으로 서술하는 능력은 단순히 계산이 빠르거나, 머리가 좋다고 해서 얻을 수 있는 능력이 아닙니다.

• • •

**반복하여 손으로 직접 쓰면서
논리적인 표현에 익숙해져야 합니다!**

어떤 학생이 어려운 문제를 잘 푼다면, 그 이유는 매우 자명합니다. 그 문제를, 또는 유사한 문제를 풀어 본 겁니다. 그것도 한 번이 아니라, 여러 번 풀어봤을 거예요.

문제해결능력을 기르는 방법은 매우 단순하고 명료합니다. 같은 문제를 여러 번 반복해서 풀어야 생기는 능력이니까요. 예외는 없습니다. 물론, 문제를 풀 때의 집중도에 따라서 문제해결능력의 차이가 발생하는 것은 어쩔 수가 없고요.

저는 수학 문제를 '쉬운 문제'와 '어려운 문제'로 구분하는 것은 옳지 않다고 생각합니다. 어떤 아이에게는 어려운 문제가 다른 아이에게는 쉬운 문제인 경우가 많잖아요.

3부 非 수포자

• • •

쉬운 문제와 어려운 문제가 아니라,
익숙한 문제와 익숙하지 않은 문제가 있는 겁니다.

'풀기 어려운 것일까요? 아니면 익숙하지 않은 걸까요?'

예를 들어, 두발자전거를 처음 배울 때를 생각해보세요. 수도 없이 넘어지고, 때로는 다치기도 합니다. 처음 배우는 사람에게 두발자전거 타기는 너무도 어렵고, 배우기 힘들다고 느낄 겁니다.

반면에 두발자전거에 익숙한 사람은 어떨까요?

속도를 조절하면서 자유자재로 자전거 타기를 즐길 수 있지 않나요? 두발자전거에 익숙한 사람은 전혀 어려움을 느끼지 않을 겁니다. 그렇다면 두발자전거 타기는 어려운 걸까요? 아니면 익숙하지 않은 걸까요? 여러 번 풀어봐서 나에게 익숙한 문제는 난이도에 상관없이 쉬운 문제입니다. 이것이 문제집을 바꾸지 말고 반복 학습을 해야 하는 이유입니다.

수학 공부는 수학의 정의와 특징에 맞게 해야 합니다. 문제 풀이가 아닌 수학 개념의 완벽한 이해에 초점을 맞춰야 하고요. 추상적인 수학 개념, 문자와 기호, 논리적인 풀이 과정에 익숙해지는 방향으로 공부를 한다면, 누구나 수학 자존감을 높일 수 있습니다.

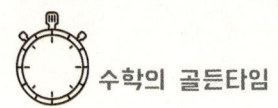 수학의 골든타임

언제까지 버틸 수 있을까?

민주는 현재 고등학교 1학년입니다.

중학교 내내 또래에 비해 성격이 차분하고 성실한 모습이 눈에 띄던 학생이었고요. 중학교 2학년 때는 학생회 부회장으로 학교행사에도 적극적으로 참여했습니다. 가끔 수학 문제를 질문하곤 했었는데, 문자와 기호를 사용하여 풀이 과정을 논리적으로 서술하는 것에 익숙하지 않은 느낌이 들더군요. 그래서 수학노트를 마련해서 풀이 과정을 정리하도록 권유하고, 수학 공부 방법에 대한 조언도 해주었던 아이입니다.

오랜만에 만난 민주와 고등학교 생활에 관해 이야기하다가 자연스럽게 수학 공부로 주제가 옮겨졌습니다.

3부 非 수포자

• • •

수학 성적이 오르지 않아요!

 고등학교 올라가서 1년 동안, 매일같이 3시간 정도씩 수학 공부를 하고 있는데, 성적이 오르지 않는다는 거예요. 점점 자신감도 없어지고요. 수학 공부의 비중을 그대로 유지해야 할지, 아니면 수학 공부의 비중을 줄이고, 다른 과목 공부에 더 많은 시간을 투자해야 할지 고민이라고 하더군요. 항상 적극적이고 당당했던 아이가 수학 공부로 인해 위축된 모습을 보는 것이 무척 안쓰러웠습니다.

 중학교와는 달리 대학 입시를 준비하는 고등학교에서는, 학생들이 각자의 진로목표에 따라 공부를 합니다. 물론 열심히 하는 학생들도 있고, 그렇지 않은 학생들도 있는데요. 중상위권 학생들은 대부분 열심히 공부하기 때문에, 석차나 성적의 변동이 거의 없습니다. 매일 3시간씩 수학 공부를 하면 당연히 실력이 향상되겠죠. 하지만 중상위권 학생들의 실력도 비슷한 수준으로 함께 향상되다 보니, 열심히 해도 석차나 성적이 오르지 않는 겁니다.

 '장래희망이 뭐야?'

 진학을 희망하는 전공에 따라서 수학 공부의 비중을 줄일 수 있겠다는 생각으로 물어봤는데요. 아이의 대답을 듣고는 잠시 생각에 잠겼습니다.

"원래는 생명공학을 전공하고 싶었어요!"

"그런데 수학 때문에 안 되겠죠?!"

지금은 계열구분이 없어졌다고는 하지만, 그래도 자연계열이나 공학계열로 진학하기 위해서는, 수학을 포기하면 안 되는 상황이었습니다.

"언제까지 버틸 수 있을지 모르겠어요!"

중학교에 비해 고등학교는 모든 교과의 학습량이 매우 많고, 난이도 또한 높습니다. 특히 수학이 더 심한데요. 이것이 고등학교에서 수포자가 많이 발생하는 이유입니다. 고등학생이 되면 대부분의 학생들이 심기일전心機一轉하고, 수학 공부도 열심히 합니다. 하지만 성적이 오르기는커녕, 진도를 따라가기도 벅차다보니 결국 수포자가 되고 마는데요. 이유는 고등학교 1학년의 1년 동안에 배우는 수학교과의 학습량이 중학교 3년 동안 배우는 학습량보다 많고, 내용도 어렵기 때문입니다.

고등학교 2학년이 되면 상황은 더욱 나빠집니다.

수학은 물론이고, 과학과 언어 교과가 세분화되어 학습량이 더 늘어나기 때문인데요. 고등학교 1학년 때처럼 하루에 3시간씩 수학 공부만 할 수 있는 상황이 안 됩니다.

'겨울방학 기간에 2학년 수학을 미리 예습해봐!'

민주에게 다소 힘들더라도 1학년 겨울방학 기간에 고등학교 2학년 수학을 미리 예습하라고 조언했습니다. 공부량이 많고 난이도도 매우 높은 고등학교 공부는, 예습을 통해 학습시간을 저축해 놓지 않으면 도저히 따라갈 수가 없기 때문인데요. 개인적으로는 인터넷 강의를 들으면서 혼자서 공부하는 자기주도학습을 권장하지만, 이번에는 다른 방법을 제안했습니다.

'겨울방학 기간에 2학년 수학 전체를 공부할 수 있는 학원 강좌를 알아보는 것이 좋을 것 같아!'

수학 공부의 핵심은 여러 번의 반복 학습을 통해서, 개념과 문제에 익숙해지는 거라고 했잖아요. 그런데 난이도가 높고, 학습량도 많은 고등학교 수학은 처음 1회 학습을 하는데 상당한 시간이 필요합니다. 하루에 3시간 정도 수학 공부를 한다고 해도, 1년 과정을 공부하는데 최소 6개월 이상 소요되는데요. 이것도 중간에 게으름을 피우지 않고, 집중해서 공부할 때나 가능한 이야기입니다.

처음 1회 학습은, 짧은 기간에 전체 내용을 공부하는 학원 프로그램을 이용하는 것도 좋은 방법입니다. 특히 현재와 같은 입시 위주의 교육시스템에서, 사교육은 선택이 아닌 필수가 되어버렸으니까요. 현실을 인정해야겠죠! 학원에 다니면서 공부를 할 때도, 올바른 수학 공부 방법에는 변함이 없습니다.

'나만의 책을 만드는 것!'

학원 선생님의 설명을 들으면서 색깔 있는 펜으로 밑줄 긋고, 중요한 내용과 문제에 별표하고, 모르는 개념이나 문제는 여백에

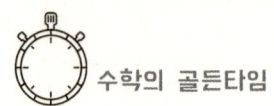

메모하면서, 세상에 하나뿐인 나만의 책을 만들어야 합니다. 이렇게 정성을 들여서 1회 학습을 하면, 2회, 3회 반복 학습은 혼자서도 충분히 진행할 수 있습니다.

• • •

고등학교 수학은
예습을 통해서 학습시간을 저축해 놓아야 합니다!

고등학교는 본격적으로 입시공부를 하는 기간입니다. 제한된 시간에 많은 교과를 공부해야 하는데요. 따라서 예습을 통해서 학습시간을 충분히 저축해 놓지 않으면, 성적을 올리는 것이 거의 불가능합니다. 그렇지 않으면 성적을 올리기는커녕, 진도를 따라가는 것도 벅차게 느껴질 겁니다.

민주처럼 예습할 기회를 놓쳤다면, 제한된 시간을 이용하여 최선의 결과를 얻을 수 있는 방법을 고민해 볼 필요가 있습니다. 학원이나 과외의 도움을 얻을 수도 있고, 성적을 올릴 수 있는 교과목을 중심으로 공부시간을 조절할 수도 있는데요. 경우에 따라서 성적이 오르지 않는 수학을 포기하는 것도, 한 가지 방법이 될 수 있습니다.

고등학교에 입학하기 전에 고등학교 수학을 미리 예습하는 것은 선택이 아니라 필수입니다. 이와 같은 예습을 통해 학습시간을 충분히 저축해 놓은 학생과 그렇지 못한 학생의 차이는, 고등학교 3년 내내 좁혀지지 않습니다. 오히려 차이가 점점 더 벌어진다고 하는 것이 맞을 겁니다. 어려운 수학 개념을 처음 보는 학생과 두세 번 반복해서 공부한 학생의 공부 효율에 차이가 있는 것은 당연하잖아요.

　고등학생이 되면 자신의 진로희망에 따라서 효율적이고 현명한 공부 전략을 짜야 합니다. 수학 공부도 수학의 의미와 가치의 이해보다는 문제해결능력에 집중해야 하고요. 입시에서 자신에게 유리한 조건을 만들기 위해서 현명한 선택을 해야 하는데요. 상황과 필요에 따라서는 수학을 포기하고, 다른 과목에 시간과 노력을 투자하는 것도 고려해볼 필요가 있습니다.

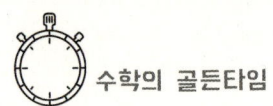 수학의 골든타임

현명한 수포자?!

입시가 얼마 남지 않은 고등학생에게 공부해도 성적이 오르지 않는 수학은 큰 골칫거리입니다. 특히 자연대, 공대, 의대, 약대와 같은 자연계열로 진학을 희망하는 학생들은 대학에서 요구하는 수학 성적에 신경 쓰지 않을 수 없는데요. 수학 성적이 원하는 만큼 나오지 않거나, 성적도 오르지 않는다면 고민이 클 수밖에 없습니다.

"수학 공부에 계속 많은 시간을 투자해야 할까?"

고등학교 1학년 2학기에는 모든 학생들이 진로를 결정해야 합니다. 지금은 자연계열과 인문계열의 구분이 사라졌다고는 하지만, 대학에서 선택할 수 있는 전공은 아직까지 자연계열과 인문계열로 나눠져 있습니다. 자연계열과 인문계열의 가장 큰 차이는 수학과 과학 과목에서 찾을 수 있는데요. 아무래도 학생들이 느끼는 중요도나 부담감은 과학보다 수학이 높을 겁니다.

고등학생이 되면, 수학 공부에 많은 시간을 투자해도 성적이 크게 오르지 않는데요. 이처럼 수학 성적이 쉽게 오르지 않는 이유는 크게 두 가지가 있습니다.

첫 번째, 반복 학습을 통해서 개념과 문제에 익숙해지는데 많은 시간이 필요하기 때문입니다. 수학 개념을 완벽하게 이해하는데 걸리는 시간도 필요하고, 어려운 문제를 3회 이상 풀면서 문제해결능력을 기르는데도 많은 시간이 필요합니다. 따라서 중학교 3년 동안 수학에 익숙해지는 것에 더하여, 고등학교 1학년 수학을 충분히 예습해 두어야 합니다.

두 번째, 대학진학을 희망하는 대부분의 학생들이 열심히 공부하기 때문입니다. 고등학생이 되면 중상위권 학생들 대부분이 비슷한 시간을 투자하면서 공부를 합니다. 비슷한 시간과 노력을 투자할 때, 예습과 반복 학습을 통해서 충분한 지식과 문제해결 능력을 갖춘 학생들의 학습효율이 높은 건 당연한 겁니다. 그러니 열심히 노력해도 성적은 오르지 않고, 학생들 사이의 격차는

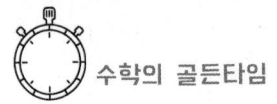

점점 벌어지게 되는 거고요.

 이처럼 열심히 공부해도 수학 성적이 오르지 않는 경우에, 학생이 선택할 수 있는 방법은 크게 두 가지가 있습니다.
 하나는 자신의 진로목표를 바꾸지 않고 끝까지 최선을 다하는 겁니다. 자연계열 학과로 진학하기 위해 수학 공부에 계속 시간을 투자하는 건데요. 자신의 성적을 기준으로 상·중·하에 해당하는 대학에 지원하고, 경우에 따라서는 재수를 선택할 수도 있습니다.
 다른 하나는 자신의 진로목표를 수정하는 겁니다. 같은 시간을 투자할 때, 수학보다는 성적을 올리기 쉬운? 인문, 사회 과목을 선택하여 공부하는 건데요. 자신이 가고 싶은 대학에 일단 합격한 후에는 복수전공을 할 수 있기 때문에, 자신의 진로희망을 완전히 포기하는 것은 아닙니다.
 이처럼 자연계열 학과로의 진학을 희망하는 학생들 중에서 수학 성적 때문에 인문계열로 진로를 변경하는 학생들은 매우 많습니다. 저는 이런 학생들을 '자발적 수포자' 또는 '현명한 수포자'라고 부르는데요. 물론 엄밀한 의미에서 이런 학생들은 수포자가 아닙니다. 그리고 수학 공부를 전혀 안 하는 것이 아니라, 현재의 성적을 유지하기 위해 최소한의 시간만 투자하는 것도 수포자와는 다른 점이고요. 그럼에도 불구하고 제가 굳이 현명한 수포자라고 부르는 이유가 있는데요. 비록 수학을 완전히 포기한 것은 아니지만, 수학 자존감에 큰 상처를 입었다는 점에서 수포자와 다를 게 없기 때문입니다.

• • •

현명한 수포자에게
응원과 지지를 보냅니다.

고등학교는 청소년기의 마지막 단계입니다. 졸업 이후에 대학에 진학하거나, 사회생활을 시작해야 하는데요. 삶의 방향을 결정해야 하는 중요한 시기인 만큼 진지하고 신중하게 자신의 진로를 선택해야 합니다.

입시를 앞둔 고등학생에게 수학의 의미와 가치를 언급하는 것은 무리라고 생각합니다. 학교시험과 수능시험에서 얻는 점수에 따라 자신의 진로가 결정되는 상황에서는, 문제해결능력을 기르는데 집중하는 것이 맞습니다. 자신의 진로에 관해 고민하고, 최선의 선택을 하고자 하는 현명한 수포자에게 응원과 지지의 메시지를 보냅니다.

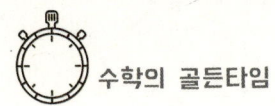 수학의 골든타임

수학을 포기하는 수학영재들!!

최상위권 학생들은 어떨까요?

일반고에서 수학 1등급을 받는 학생들, 과학고나 영재학교에 재학 중인 학생들은 수학의 의미와 가치를 이해하고 있을까요?

이런 학생들은 현재 학교교육에서 제시하는 수학교육의 목표를 거의 완벽하게 달성했다고 볼 수 있습니다. 수학에 대한 잠재능력뿐만 아니라, 성취도와 자존감도 매우 높을 것이라 예상할 수 있고요.

수학영재들이 수학의 의미와 가치를 이해하고 있는가에 대한 답을 얻는 것은 의외로 간단합니다. 수학에서 최고 성취수준에 도달한 아이들이 대학에서 어떤 전공을 선택하는지를 보면 알 수 있거든요. 결론부터 말하자면, 일반고에서 수학 1등급을 받는 학생들은 물론이고, 과학고나 영재학교에서 수학을 전공하는 학생들조차도, 대학에서 수학을 전공하는 학생은 거의 없습니다.

경기과학고등학교에서 학생들을 가르쳤던 경험을 이야기해 볼게요. 경기과학고는 우리나라 최초의 과학고이면서, 서울과학고 다음으로 IMO(International Mathematical Olympiad) 입상 실적이 좋은 학교입니다. 영재고나 과학고는 모든 학생들이 수학, 과학(물리, 화학, 생물, 지구과학), 정보 중에 한 과목을 선택하여 고등경시를 공부하는데요. 고등경시 과목을 전공과목이라고 부릅니다.

영재학교나 과학고에서 수학을 전공하는 학생 수는 의외로 적습니다. 공부하기도 어렵고, 입상하기는 더더욱 어렵기 때문인데요. 중학교 때까지 수학경시를 공부하던 학생들도 대부분 과학이나 정보로 전공을 바꿉니다. 보통 수학을 전공하는 학생 수는 전체 학생수의 10% 정도에 불과합니다.

매년 실시되는 고등부 KMO(Korean Mathematical Olympiad)에서는 성적에 따라 IMO에 출전할 국가대표와 후보를 선발하는데요. 경기과학고에도 매년 국가대표와 후보로 선발되는 학생들이 몇 명씩 있었습니다. 그 중에는 IMO에서 2년 연속으로 금메달을 딴 여학생도 있었는데요. 그 기록은 아직까지도 깨지지 않고 있습니다. 세계 최고의 수학영재라고 할 수 있는데요. 그런데 이 여학생이

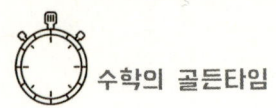
수학의 골든타임

대학을 진학할 때 선택한 것은 의대였습니다. 이 어학생뿐만 아니라, KMO 국가대표와 후보로 선발된 대부분의 수학영재들이 대학을 진학할 때는 수학을 전공으로 선택하지 않았습니다.

물론, 예외가 있긴 있습니다. 서울대나 외국 대학의 수학과로 진학하는 학생들이 간혹 있어서 그나마 수학의 명맥을 유지하고 있는데요. 그 중에는 IMO에서 금상을 받고, 수학 R&E 지도교사와 학생으로 인연을 맺었던 학생도 두 명이 있습니다. 한 명은 프린스턴대학교 수학과, 한 명은 컬럼비아대 수학과에 진학했는데요. 현재는 학부과정을 잘 마치고, 대학원에서 수학 공부를 이어가고 있습니다. 이 학생들은 자신이 원하기만 하면 우리나라뿐만 아니라, 전 세계 거의 모든 의대에 진학할 수 있었음에도 수학을 선택했던 겁니다.

• • •

수학영재들이 수학을 포기?하는 이유가 뭘까요?

'수학영재들이 대학에서 수학을 전공하지 않는 이유가 뭘까요?'

물론, 수학영재들이 대학에서 꼭 수학을 전공해야 한다고 주장하는 것은 아닙니다. 수학 이외의 다른 분야에 관심을 가지고 있을 수도 있고요. 사회경험이 풍부한 학부모의 권유로 사회적, 경제적 지위가 높은 의사를 장래의 직업으로 선택하는 것도 자연스러운 일입니다. 그런데, 이런 점들을 충분히 고려하더라도, 수학 영재들이 수학을 전공하는 비율이 너무 낮습니다.

　수학영재들조차도 자신의 수학적 능력을 의대 진학에 필요한 도구로 인식하는 것이 아닐까하는 생각이 듭니다. 수학 공부를 열심히 한다고 모두가 1등급을 받거나, 수학영재가 되는 것은 아니잖아요. 어느 정도 수학적 능력을 타고 났거나, 잠재능력이 매우 뛰어난 겁니다. 그런데 대학에 진학할 때는 수학을 전공으로 선택하지 않는 건데요. 결국, 수학영재들조차도 수학의 의미와 가치를 이해했다고는 볼 수 없는 겁니다. 수학의 의미와 가치를 이해했다면, 대학에서 수학을 좀 더 깊이 있게 공부하고 싶은 마음이 들지 않을까요?

　다 그런 건 아니지만, 수학영재들도 사실은 문제 풀이 능력만 뛰어났던 건 아닐까하는 생각이 듭니다. 수학영재들 대부분이 수년 동안 경시학원에 다니면서 문제 푸는 기술을 갈고 닦았을 겁니다. 물론, 문제 풀이 능력 자체만으로도 매우 뛰어난 능력임은 분명합니다. 그걸 부정하려는 것이 아닙니다. 단지, 수학영재들조차도 수학의 의미와 가치를 이해했다고 보기는 어렵다는 점을 지적하려는 건데요.

　수학영재들은 입시교육에서 최상위권을 차지한 아이들입니다. 치열한 경쟁에서 상대적인 우위를 차지하기 위해서는 입시교육에 적합한 공부를 할 수밖에 없을 겁니다. 바로 문제 풀이 능력

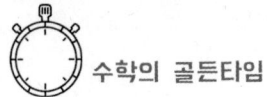 수학의 골든타임

에 집중하는 거죠. 수학의 의미와 가치는 평가대상이 아니니까요. 우리나라에서 대부분의 수학영재들은 고등학교까지의 한시적인 영재들입니다. 수학영재들이 대학에 진학할 때는 수학을 포기하니까요. 결국, 수포자, 비수포자, 수학 1등급을 받은 학생, 수학영재 모두가 수학의 의미와 가치를 이해하지 못했다는 공통점이 있다고 말할 수 있습니다. 고등학교를 졸업하자마자, 그동안 힘들게 공부했던 수학 내용을 모두 잊어버리는 것도, 또 하나의 공통점이라고 할 수 있겠네요.

4부

수학이란 무엇인가?

 수학의 골든타임

수학이란 무엇인가?

우리나라 수학교육에서 다루지 않는 내용이 하나 있습니다. 초·중·고등학교 12년 동안 아이들에게 수학을 가르치면서, 단 한 번의 언급 조차 없는 내용이 있는데요. 바로~

• • •

수학이란 무엇인가?

모든 학생들이 초등학교부터 고등학교까지 매주 4시간씩 수학을 배우고 있는데요. 정작 학교에서는 학생들에게 가르치는 '수학'이 무엇인지에 대해서는 알려주지 않습니다.

4부 수학이란 무엇인가?

'정말 어이없지 않나요?'

이 책을 읽고 있는 독자분도 한 번 답을 생각해보세요.

'수학이란 무엇입니까?'

혹시 답을 말할 수 있는지요? 제가 예상하는 답은 크게 두 가지가 있습니다.

하나는, 아마도 수학의 한자인 '數學'의 뜻을 그대로 풀어서 대답을 하는 분이 많을 겁니다.

"수를 배우는 학문이요!"

두 번째로는, 고대 그리스시대에는 '기하학 Geometry'이 수학의 주류였다는 것을 기억하는 분도 있을 겁니다.

"도형을 탐구하는 학문이요!"

이 정도 대답을 할 수 있는 분들은 수학에 대한 이해가 높은 편입니다. 수학을 공부하면서, 한 번쯤은 수학이 무엇인지를 스스로 생각해 본 적이 있는 분들이고요.

• • •

수학이 무엇인지도 모른 채
12년 동안 공부한다고??

'무언가 크게 잘못됐다는 생각이 들지 않나요?'

학교에서 배우는 여러 가지 교과 중에서도, 수학은 중요교과?로 분류됩니다. 12년 동안, 일주일에 4시간씩이나 수업을 하고

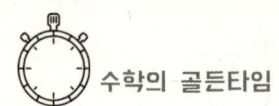

요. 그런데 그렇게 중요하다고 강조하는 수학을 가르치면서, 정작 수학이 무엇인지에 대해서는 설명해 주지 않는 겁니다. 수학이 무엇인지도 모른 채 수학을 배우는 이상한? 수학교육은 단순히 이상함에서 끝나지 않고, 수학의 목적과 가치를 왜곡시키는 후유증을 남기고 있습니다.

• • •

수학을 공부하는 이유는 무엇입니까?

누구나 한 번쯤은 '수학을 공부하는 이유'에 대해 생각해봤을 겁니다. 수학이 무엇인가라는 질문은 'What'에 관한 질문이고, 수학을 공부하는 이유가 무엇인가라는 질문은 'Why'에 관한 질문인데요. 서로 다른 질문처럼 보이지만, 두 질문은 매우 밀접하게 관련되어 있습니다.

'What을 모른 채 Why를 생각할 수 있을까요?'

질문을 조금 바꿔볼게요.

'수학이 무엇인지도 모르면서, 수학을 공부하는 이유를 알 수 있을까요?'

물론 수학을 공부하는 이유는 저마다 다를 수 있습니다. 각자의 판단에 따라 서로 다른 이유를 가지는 것은 매우 당연한 일이니까요. 하지만 판단의 근거가 없거나, 틀린 것이라면 이야기가 달라집니다. 수학의 의미와 가치에 대한 이해 없이, 수학을

4부 수학이란 무엇인가?

공부하는 올바른 이유를 찾는 것은 불가능합니다. 수학이 무엇인가에 대한 이해, 즉 수학의 의미와 가치에 대한 이해는 수학교육의 가장 중요한 목표가 되어야 합니다. 하지만 안타깝게도 현재의 학교교육에서는 수학의 의미와 가치는 수학의 목표도 아닐뿐더러, 학생들에게 가르치는 수업내용도 아닙니다.

사정이 이렇다 보니, 수학 공부의 핵심목표에 입시가 자리를 차지해 버렸습니다. 문제를 잘 풀어서 높은 성적을 얻고, 입시에서 유리한 위치를 차지하는 것이 수학 공부의 핵심목표가 된 건데요. 아이들은 12년 동안이나 의미와 가치도 모른 채, 문제 풀이에 내몰리고 있습니다. 이러니 수포자, 비수포자, 수학영재의 구분 할 것 없이, 고등학교를 졸업하면 모두가 수포자가 되는 겁니다.

 수학의 골든타임

數學과 Mathematics

'수학이란 무엇인가?'

저는 이 질문이 수학 공부의 핵심이 되어야 한다고 생각합니다. 수학이 무엇인지를 먼저 이해한 이후에야 수학을 공부하는 이유도 알 수 있고요. '수학이란 무엇인가?'에 대해서는 제가 쓴 《수학을 알면 보이는 세계 : IDEA》에서 자세하게 설명했습니다. 이 책에서는 고대 그리스의 철학자인 플라톤의 '이데아론'에 기초하여, 수학이 무엇인지에 대해 설명하고 있습니다.

수학이란 무엇인가, 즉 수학의 의미와 가치를 이해하기 위해서는 수학의 역사를 살펴볼 필요가 있습니다. 먼저 수학의 '이름'에서 수학을 바라보는 동서양의 관점의 차이를 찾아볼 수 있습니다.

4부 수학이란 무엇인가?

수학을 바라보는 동·서양의 관점의 차이

수학을 부르는 이름은 동양과 서양이 서로 다릅니다.

정확하게 말하자면, 동양과 서양이라고 구분 짓는 것은 다소 무리가 있는데요. 이에 대한 자세한 내용은 바로 이어지는 "세계 4대 문명과 수학"에서 설명해 드릴 겁니다. 우선 간단히 이야기하자면, 수학에 대해서 세계 4대 문명은 동양의 관점이었고, 고대 그리스는 서양의 관점을 가졌습니다. 즉, 세계 4대 문명에서 바라보는 수학의 관점과 고대 그리스에서 바라보는 수학의 관점에 매우 큰 차이가 있었습니다.

여기서는 현대사회에서 수학을 부르는 이름을 기준으로 동양과 서양의 관점의 차이에 대해 설명해 보겠습니다. 수학을 동양에서는 "數學", 서양에서는 "Mathematics"라고 부릅니다.

먼저, 수학에 대한 동양의 관점을 설명하겠습니다.

수학數學에서 수數는 "세다", "계산하다"라는 뜻입니다. 따라서 수학은 "셈을 배운다" 또는 "계산하는 방법을 배운다"라고 해석할 수 있겠죠. 따라서 동양에서 수학을 바라보는 관점은 다음과 같습니다.

수학數學은
셈을 하거나, 계산하기 위해서 수$_{number}$를 다루는 학문!

셈이나 계산을 하는 것은 다분히 실생활 문제의 해결과 관련이 있습니다. 물건의 값을 지불하거나, 땅의 넓이를 측정하는 등의 현실적인 문제를 해결하는 도구로서 수학을 사용했다고 볼 수 있는데요. 이와 같은 수학의 관점은 고대 중국뿐만 아니라, 4대 문명 모두에게서 찾아볼 수 있습니다.

고대문명은 풍부한 식수를 공급할 수 있는 강(River), 수십만 명을 안정적으로 먹일 수 있는 식량, 그리고 큰 도시국가를 건설할 수 있는 넓은 평야지대에서 발원했습니다. 수십만 명의 인구를 거느린 국가를 만들고 유지하기 위해서는 정치, 경제, 농업, 무역, 군대 등 준비할 것들이 매우 많은데요. 그 모든 곳에 수학이 필요합니다. 특히 국가와 군대를 운영하기 위해서는 막대한 재산이 필요한데요. 국가재산을 안정적으로 공급하기 위해서는 세금을 정확하게 걷는 것이 무엇보다 중요합니다. 또 세금을 정확하게 걷기 위해서는 인구와 토지에 대한 정확한 조사와 관리가 필요하겠죠! 이와 같은 문제들을 해결하기 위해서 세계 4대 문명에서는 공통적으로 수의 연산, 토지측량술, 방정식 등의 수학이 발달했던 겁니다.

다음으로, 서양의 관점을 살펴볼게요.

수학은 영어로 "Mathematics"입니다. Mathematics의 어원은 그리스어로 "배운다"는 뜻의 "Manthano" 또는 "과학"이라는 뜻의 "Mathema"인데요. 한자에서와 같은 "셈", "계산" 또는 "수(number)"

4부 수학이란 무엇인가?

의 의미는 찾아볼 수 없습니다.

Mathematics의 어원에 의하면 수학을 "과학에 대한 탐구"로 정도로 해석할 수 있는데요. 과학은 "보편적인 진리나 법칙의 발견을 목적으로 한 체계적인 지식"을 의미합니다. 따라서 Mathematics의 어원으로부터 수학을 바라보는 서양의 관점을 이해할 수 있습니다.

• • •

수학은
보편적인 진리나 법칙을 탐구하는 학문!

이렇듯 수학을 의미하는 "數學"과 "mathematics"의 어원에서도 '수학을 바라보는 동·서양의 차이'를 발견할 수 있는데요. 수학을 바라보는 관점에 따라 수학의 정의도 달라진다는 것을 알 수 있습니다.

고대 그리스로 대표되는 서양에서 수학은 "보편적인 진리나 법칙을 탐구하는 학문"이라고 인식했는데요. 나중에 관념론의 창시자인 플라톤$_{Plato}$에 의해 수학은 "영원히 변하지 않는 성질을 탐구하는 학문"으로 정립됩니다. 이와 같은 관점이 반영되어 고대 그리스에서는 도형 속에 숨겨져 있는 영원불변의 성질을 탐구하는 '기하학$_{Geometry}$'이 수학의 중심으로 자리 잡았던 거고요.

서양의 관점을 이해하면, 수학에서 '증명$_{Proof}$'을 해야 하는 이유

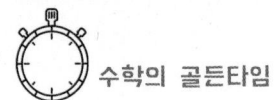

와 필요성도 이해할 수 있습니다. 영원히 변하지 않는 성질은 '모순Contradiction'이 없이 완벽해야 하잖아요. 어떤 사실이 모순 없이 완벽하다는 것은, 모든 경우에서 '참True'이 됨을 증명함으로써 확인할 수 있고요.

반면에 고대 중국을 포함하여 세계 4대 문명에서는 수학을 "수Number를 이용해서 실생활 문제를 해결하는 계산이나 셈을 연구하는 학문"으로 인식했는데요. 이것이 고대 중국이나 아라비아의 수학에서 '방정식'이 발달한 이유입니다. 실생활 문제의 해결을 수학의 목적으로 보는 관점에서는 증명은 그다지 중요하지 않습니다. 문제를 해결하는 것으로 만족하고, 그냥 참이라고 믿으면 되니까요.

예를 들어, 피타고라스의 정리는 세계 4대 문명 모두 알고 있었지만, 피타고라스의 세 수가 왜 직각삼각형의 세 변의 길이가 되는지는 확인하지 않았습니다. 결국, 나중에 고대 그리스의 수학자인 피타고라스에 의해서 항상 참이 된다는 사실이 증명되었고, 자신의 이름을 따서 "피타고라스의 정리"로 이름을 붙인 겁니다.

수학의 한 분야에 '대수학代數學'이 있습니다.

대수학은 "수 대신 문자를 사용하여 방정식의 풀이 방법이나, 대수적 구조를 연구하는 학문"인데요. 고대 그리스에서 도형의 성질을 찾고 이를 증명하는 기하학이 발달했다면, 고대 중국이나 아

4부 수학이란 무엇인가?

라비아에서는 대수학이 발달했습니다.

대수학은 영어로 'Algebra'라고 합니다. Algebra의 어원은 9세기 아라비아의 수학자인 '알 콰리즈미(Al-Khwarizmi)'가 그의 저서에서 사용한 'al-jabr'인데요. al-jabr는 "방정식의 풀이와 관련된 규칙"을 의미합니다. 문자를 사용하는 방정식은 다양한 모양의 도형의 넓이를 계산하거나, 수의 규칙을 표현하는데 편리합니다.

이처럼 고대 그리스를 중심으로 하는 서양에서는 '기하학', 고대 중국과 아라비아를 중심으로 하는 동양에서는 '대수학'이 수학의 주류로 발달했는데요. 그 이유는 플라톤이 영원히 변하지 않는 성질에 관한 탐구를 중요하게 여겼듯이, 메소포타미아문명의 발상지인 아라비아와 황화문명의 발상지인 중국에서는 실생활 문제의 해결을 중요하게 여겼기 때문입니다. 이렇듯 문화와 환경에 따라 수학을 바라보는 관점이 다른 것은 매우 당연한 일이라고 할 수 있습니다.

고대 그리스의 수학은 현대수학의 핵심적인 뼈대가 되었는데요. 고대 그리스 수학의 뿌리는 고대 메소포타미아와 이집트의 수학입니다. 영원불변의 진리를 추구했던 그리스 수학자들은 고대 메소포타미아와 이집트에서 배운 수학 내용을 하나하나 증명하면서, 독자적인 그리스 수학을 창조했던 겁니다. 따라서 수학이 무엇인가에 대해 이해하기 위해서는 수학의 뿌리에 해당하는 세계 4대 문명의 수학을 먼저 알아볼 필요가 있습니다.

 수학의 골든타임

세계 4대 문명과 수학

　세계 4대 문명, 즉 메소포타미아, 이집트, 인더스, 중국문명 모두 상당히 발달된 수학을 사용했습니다.

[세계 4대 문명 발상지]

4부 수학이란 무엇인가?

세계 4대 문명 중에서도 가장 앞섰던 고대 메소포타미아인들은 '피타고라스의 정리', '원주율', '단위분수의 연산' 등에 대한 지식을 가지고 있었습니다. 당시에 만들어진 석판을 통해 이와 같은 사실을 확인할 수 있는데요. 인류문명의 초기부터 상당히 높은 수준의 수학적 사실들을 알고 있었던 겁니다.

고대 이집트인들도 메소포타미아에 못지않은 수학적 지식을 가지고 있었습니다. 상당한 수준의 수학적 사실들이 파피루스(Papyrus)에 자세히 적혀 있는데요. 고대 메소포타미아와 이집트는 인접한 지역에 위치해서, 서로 경쟁하고 대립하는 관계에 있었습니다. 하지만 무역과 문화적 교류를 통해 서로에게 영향을 주었고, 수학적 지식도 공유했던 것으로 보입니다.

수학의 의미와 가치를 알기 위해서는 수학의 역사를 알아야 합니다. 수학의 역사는 세계 4대 문명과 함께 시작되었고요. 약간의 차이는 있지만, 각 문명이 안고 있는 현실적인 문제들을 해결하기 위한 수학이 발달했습니다.

• • •

**문명을 유지하고 발전시키는데
수학이 큰 역할을 했습니다!**

 수학의 골든타임

사실 수학이 없었다면, 국가를 운영하거나 문명을 발전시킬 수 없었을 겁니다. 문명의 발생과 수학과는 매우 밀접한 관련이 있는데요. 그 이유를 네 가지 정도로 알아볼게요.

첫째, 역법曆法

수십만 명의 시민들에게 안정적으로 식량을 공급하기 위해서는, 천체의 주기적인 현상과 계절의 변화를 알아야 합니다. 언제 씨를 뿌리고, 언제 추수를 해야 할지를 정확하게 아는 것은 생존과 직결된 중요한 문제니까요.

역법은 "천체의 주기적인 운행을 시간 단위로 구분하는 계산법"을 말하는데요. 역법을 이용해 만든 것이 바로 '달력Calendar'입니다. 문명의 초기 단계부터 '수Number'를 이용해 천체의 주기적인 움직임을 계산하고, 달력을 만들었는데요. 시간, 날짜, 일주일, 한 달, 일 년 등의 단위를 만들고, 이런 개념들을 표현하는데 수학을 이용했습니다.

둘째, 토지측량

고대문명은 강력한 왕권을 가진 도시국가의 출현과 밀접한 관련이 있습니다. 왕권을 강화하고 국가를 운영하기 위해서는 막대한 세금이 필요한데요. 당시에는 화폐보다는 곡물을 세금으로 거뒀습니다.

4부 수학이란 무엇인가?

농경지 넓이에 따라서 세금을 정확하게 걷기 위해서는 농경지의 넓이를 측정해야 하는데요. 땅의 넓이를 정확하게 측량한다는 것이 정말 어려운 일입니다. 당시의 토지는 직사각형 모양으로 규격화되어 있지 않았거든요. 대부분 경계면이 구불구불한 곡선으로 둘러싸여 있었습니다. 이 문제를 해결하기 위해 만든 것이 바로 '구분구적법'입니다. 구분구적법은 "곡선으로 둘러싸인 토지를 직사각형 모양으로 균등하게 나누어 넓이를 계산하는 방법"인데요. 구분구적법은 현대수학에서 '적분$_{Integral}$'의 핵심개념입니다.

셋째, 건축

고대문명은 공통적으로 강력한 왕권을 기초로 유지되었는데요. 왕권이 약화된 시기에는 어김없이 주변 국가의 침략을 받거나, 내부의 정적에게 위협을 받았습니다. 이와 같은 대내·외적인 위협을 예방하고 국가를 안정적으로 유지하기 위해서 거대한 '왕궁$_{Royal\ Palace}$', '성$_{Castle}$', '신전$_{Temple}$' 등을 지었던 겁니다.

높은 건물을 안전하게 짓기 위한 건축기술에도 수많은 수학적 지식이 들어 있습니다. 특히 눈에 띄는 수학 개념이 있는데요. 바로 직각을 만드는 '피타고라스 정리'입니다. 세계 4대 문명 모두 "세 변의 길이가 3, 4, 5인 삼각형은 직각을 만든다."는 것을 알고 있었고요. 피타고라스의 정리는 건물의 설계부터 시공에 이르기까지, 안정적인 건물을 짓는 데 꼭 필요한 수학 개념이었습

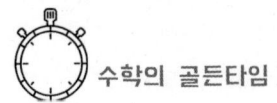

니다. 하지만 '세 변의 길이가 3, 4, 5인 삼각형이 왜 직각삼각형이 되는가?'에 대한 증명은 찾아볼 수 없는데요. 이것은 수학을 현실문제를 해결하기 위한 실용적인 관점으로만 바라봤기 때문입니다. 현실문제를 해결하면 됐지, 굳이 엄밀한 증명은 필요하지 않다고 생각했던 거죠.

넷째, 방정식

세계 4대 문명이 고도로 발전하면서 농경지의 넓이에 따른 세금의 양을 계산하거나, 토지의 넓이를 계산하는데 방정식을 사용했습니다. 농경지나 토지의 넓이는 모두 다르잖아요. 따라서 각각의 넓이를 계산하기 위해서는 수만 개의 서로 다른 방정식이 필요합니다. 이런 불편함을 해결하기 위해 숫자를 대신하여 문자를 사용하는 대수학代數學이 발전했는데요. '代數'는 한자로 "수를 대신한다."는 뜻입니다.

이런 수학적 지식은 나라를 다스리는 중요한 도구로 인식되어서 특수한 계급이나 계층만 독점했고, 일반 대중들에게는 공개하지 않았는데요. 수학을 "국가를 유지하고, 문명을 발전시키는 핵심적인 지식"이라고 생각했습니다. 현실문제의 해결을 중시하는 실용적인 관점이 수학에만 국한된 것은 아니었습니다. 실용적인 관점은 수학뿐만 아니라, 문학에서도 찾아볼 수 있습니다.

고대 메소포타미아인들의 실용적인 관점을 엿볼 수 있는 시Poem

4부 수학이란 무엇인가?

가 있습니다. 메소포타미아의 대표적인 고대왕국이었던 바빌로니아$_{Babylonia}$ 시대에 쓰인 "길가메시$_{Gilgamesh}$의 서사시"인데요. 길가메시는 반신반인으로, 전설상의 국가인 '우루크$_{Uruk}$'의 왕이었습니다.

> 길가메시여,
> 불가능한 것을 찾아 헤매고 있군요.
> 왜냐하면 신들이 인간을 만들 때
> 생명은 그들이 차지하고
> 인간에게는 죽음을 점지했기 때문입니다.
> 그러나 길가메시여,
> 깨끗한 옷으로 갈아입고
> 좋은 음식으로 배를 채우고 매일 즐기시오.
> 당신의 손을 잡고 재롱을 떠는 자식을 보고
> 당신의 품 안에 있는 아내와 행복을 누리시오.

길가메시의 서사시는 "현실의 삶에 충실하라."고 충고하는 내용인데요. 당시 끊임없는 홍수와 외침에 시달렸던 바빌로니아인들은 죽음 이후의 내세보다는, 현재의 삶을 중요시하는 가치관을 가졌던 것으로 이해할 수 있습니다.

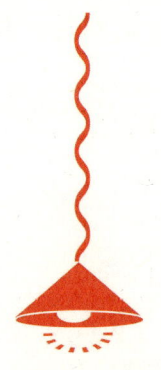

고대 그리스시대의 수학

기원전 1100년경부터 시작된 고대 그리스문명은, 지중해 주변에 있었던 이집트문명과 메소포타미아문명의 영향을 많이 받았습니다. 수학도 예외는 아니었고요. 실제 고대 그리스시대의 위대한 수학자들 대부분이, 당시 학문의 중심지였던 이집트의 알렉산드리아에 유학 가서 수학을 공부했습니다. 고대 그리스 수학의 뿌리가 고대 메소포타미아와 이집트에 있는 것은 분명한 사실입니다.

고대 그리스시대 수학의 중심이었던 '기하학$_{Geometry}$'이 사실은 고대 이집트에서 유래된 것임을 생각하면, 수학을 바라보는 관점의 중요성을 이해할 수 있습니다.

4부 수학이란 무엇인가?

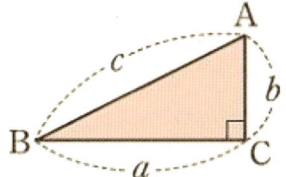

다시 한번, 피타고라스 정리를 생각해보죠.

고대 메소포타미아와 이집트에서도 피타고라스 정리에 대한 기록이 남아 있는데요. 아쉽게도 피타고라스 정리가 참이라는 것을 증명한 기록은 찾을 수 없습니다. 하지만 고대 그리스의 수학자인 피타고라스에게는 "정말 참인가?"를 증명하는 것이 매우 중요했던 겁니다. 피타고라스의 관점에서는 참이라고 증명되지 않은 것은 의미가 없는 것이니까요!

결국, 피타고라스에 의해 "직각삼각형의 세 변의 길이 a, b, c 사이에는 항상 $a^2 + b^2 = c^2$이 성립한다."는 사실이 증명되었는데요. 이 정리를 증명하고 너무나 기쁜 나머지, 황소 100마리를 잡아 신께 제물로 바치고, 큰 잔치를 열었다고 전해집니다. 고대 그리스인들, 특히 수학자들에게는 기하학을 이용해서 영원히 변하지 않는 '신들의 세계'를 탐구하는 것이 가장 큰 삶의 목적이었는데요. 피타고라스 정리의 증명에 성공한 피타고라스가 얼마나 기뻐했을지는 어렵지 않게 추측할 수 있습니다.

피타고라스 정리뿐만 아니라, 고대 그리스 수학의 대부분은 고

대 메소포타미아와 이집트에서 건너온 것입니다. 하지만 수학에 대한 관점이 '현실문제 해결'이냐, 아니면 '영원불변의 성질 탐구'냐에 따라 큰 차이를 만든 겁니다.

수학을 이용해서 '영원히 변하지 않는 이상세계$_{IDEA}$'를 탐구하고자 했던 고대 그리스 수학자들에 의해서, 기하학을 중심으로 하는 수학이 크게 발달하게 되는데요. 영원히 변하지 않는 성질을 탐구하는 도구로서의 수학을 생각하다 보니, 수학의 모든 개념도 현실 세계에는 존재하지 않는 추상적인 의미로 정의되었던 겁니다. 추상화는 "사물이나 대상이 가지고 있는 중요하고 공통된 특징을 도출하여 간단하게 표현하는 것"을 말하는데요. 눈으로 볼 수 있는 대상 자체보다는, 그 대상이 가지고 있는 속성을 의미합니다.

고대 메소포타미아와 이집트 수학이 현실문제의 해결을 위한 실용성이 중심이었던 반면에, 고대 그리스의 수학은 영원불변의 성질 탐구가 주된 목적이었는데요. 이런 차이는 고대 그리스 사람들의 독특한 세계관에서 출발했습니다.

> 고대 그리스인들은 신이 창조한 우주는 완벽한 질서와 조화를 지니고 있다고 믿었으며, 사색과 관찰을 통해 신이 만든 완벽한 세계를 탐구할 수 있다고 생각했습니다. 신이 만든 완벽한 세계를 '이상세계$_{IDEA}$'라고 불렀습니다.

이상세계에서는 모든 것들이 완벽하고 영원불변하지만, 우리가 살고 있는 현실 세계에서는 모든 사람이 죽고, 모든 것들이 변합니다. 고대 그리스 사람들은 모든 것이 변하는 현실 세계는 거짓이고, 모든 것이 완벽하고 변하지 않는 이상세계야말로 참이라고 생각했던 겁니다.

• • •

현실 세계에 살고 있는 사람이 어떻게 하면
이상세계를 탐구할 수 있을까?

고대 그리스 사람들은 수학에서 이 문제의 해결 방법을 찾았습니다. '참'이라고 증명된 내용만으로 만들어진 수학을 이용해서, 이상세계의 속성을 탐구할 수 있다고 생각한 건데요. 수학의 다양한 분야 중에서도, 도형 속에 숨겨져 있는 영원불변의 성질을 찾고, 그 성질을 증명하는 기하학이 수학의 중심을 차지하게 된 이유입니다. 또한, 수학의 목적이 모든 것이 완벽한 이상세계의 성질을 탐구하는 것이기 때문에, "어떤 내용이 정말 옳은가?"에 대한 '증명'을 수학의 핵심가치로 생각했습니다.

현실을 부정하고 이상세계를 추구하는 고대 그리스의 세계관이 생기게 된 원인으로, '노예제도'를 꼽는 사람들이 많습니다. 고대 그리스는 주변 국가에 대한 정복 전쟁을 벌이면서 수많은

 수학의 골든타임

노예와 부를 축적했는데요. 노예에게 힘든 일만 시켰던 것이 아니었습니다. 현실문제를 해결하기 위한 측정이나 계산과 같은 실용수학도 노예들에게 맡겼는데요. 당시의 수학자들은 현실문제를 해결하기 위한 실용수학뿐만 아니라, 수의 규칙을 탐구하는 "정수론 Number Theory"의 가치도 매우 낮게 평가했습니다.

• • •

진짜 수학은
영원불변의 성질을 탐구하는 기하학뿐이야!

고대 그리스시대의 철학자들과 수학자들은 현실 세계의 문제 해결은 노예에게 맡기고, 이상세계의 탐구에 집중했는데요. 그 출발점에 수학자 '탈레스 Thales'가 있고, 그 중심에는 관념론의 창시자인 '플라톤 Plato'이 있었습니다.

우리에게 철학자로 알려진 플라톤은 수학의 의미와 가치를 매우 높게 평가했습니다. 플라톤이 창시한 '관념론 Idealism'은 "관념 또는 관념적인 것을 실재적 또는 물질적인 것보다 우선으로 보는 이론"으로, 고대 그리스인들이 가졌던 이상세계에 관한 생각을 구체화한 것입니다.

영원히 변하지 않는 완벽한 실재가 존재한다고 보는 관념론의 관점에서는 기하학이야말로 이상세계를 탐구하기 위한 최적의 도구였던 건데요. 실제 플라톤은 자신이 세운 학문의 전당 "아카

4부 수학이란 무엇인가?

데미아Academia"의 입구에 다음과 같은 글을 적었다고 합니다.

• • •

기하학을 모르는 자는 이문으로 들어오지 마라!

플라톤의 아카데미아는 현재의 대학교에 해당합니다. 세계 최초의 대학교라고도 할 수 있는데요. 대학교를 '아카데미Academy'라고도 부르는 이유가 여기에 있습니다.

[플라톤의 아카데미아Academia]

"대학교는 진리를 추구하는 학문의 전당이다!"

여기서 '진리'는 '영원불변의 성질'을 의미합니다. 언뜻 보면 철학자가 만든 아카데미아의 입학조건으로, 철학이 아닌 기하학

을 요구하는 것이 좀 뜬금없다고 생각할 수 있는데요. 기하학의 정의를 떠올리면, 플라톤이 아카데미아의 입학조건으로 기하학을 요구한 이유를 어렵지 않게 이해할 수 있을 겁니다.

• • •

기하학은
영원히 변하지 않는 성질을 탐구하는 학문이다!

기하학은 도형의 성질을 탐구하는 학문이라고 했죠!

좀 더 자세히 설명하자면, 기하학은 "도형 속에 숨겨져 있는 영원불변Immortal의 성질을 탐구하는 학문"입니다. 영원히 변하지 않는 성질이라고 하면, 왠지 '엄청나게 중요한 무언가'를 떠올리게 되는데요. 사실은 전 국민이 다 알고 있는 영원불변의 성질들도 많습니다.

중학교와 고등학교에서 배우는 도형의 성질들 대부분이 영원히 변하지 않는 성질들입니다. 물론 기하학뿐만 아니라, 수론에도 영원불변의 성질들이 많이 있고요.

예를 들어 볼게요.

• • •

삼각형의 세 각의 크기의 합은 180°이다!
이등변삼각형의 두 밑각의 크기는 서로 같다!

4부 수학이란 무엇인가?

　모든 것이 완벽하고 변하지 않는 이상세계를 꿈꿨던 플라톤에게, 기하학은 이상세계의 속성을 탐구할 수 있는 중요한 도구였던 겁니다.

　영원히 변하지 않는 성질의 가치를 믿었던 고대 그리스 수학자들은, 수많은 수학적 업적을 남겼습니다. 탈레스, 피타고라스, 유클리드, 아르키메데스, 에라토스테네스 등 고대 그리스시대에 천재적인 수학자들이 유독 많았던 이유도, 그들이 지향했던 영원불변의 성질에 있었던 것은 아닐까하는 생각을 해 봅니다.

 수학의 골든타임

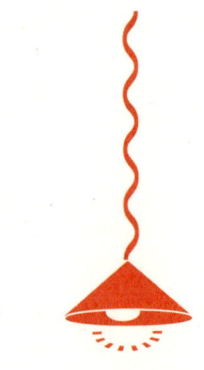

수학의 의미와 가치

앞에서 세계 4대 문명의 수학과 고대 그리스 수학의 차이점을 설명했잖아요. 이 과정에서 시대와 환경에 따라 수학의 의미와 가치가 조금씩 다르게 해석되었음을 알 수 있었고요.

세계 4대 문명에서는, 현실 세계의 문제들을 해결하기 위한 도구로서의 수학에 그 의미와 가치를 두었습니다. 각기 독자적인 문화를 발전시켰던 세계 4대 문명 모두 수학이 발달했는데요. 토지측량, 군대 유지와 훈련, 세금납부, 인구조사, 경제활동과 무역 등, 국가를 안정적으로 운영하고 유지하기 위한 거의 모든 분야에서 수학적 지식이 필요했기 때문입니다.

당시 고대 국가에서 수학으로 해결해야 할 현실문제는 대부분

국가 운영에 관한 문제였습니다. 따라서 수학은 국가 운영을 위한 중요하고 보안이 필요한 지식으로 간주되어 일부 귀족이나 관료들이 독점했고요. 이 때문에 일반 국민들은 수학을 이용하여 자신의 문제를 해결할 기회와 경험을 갖지 못했습니다. 세계 4대 문명의 관점에서 수학의 의미와 가치는 다음과 같다고 할 수 있습니다.

・・・

**수학은 현실 생활에서 발생하는 문제들을
해결하기 위한 도구이다!**

고대 그리스 사람들은 신(God)이 만든 우주와 자연은 완벽한 조화와 질서를 가지고 있다고 믿었습니다. 모든 것이 완벽하고, 변하지 않는 신들의 세계야말로 진정한 세계라고 생각했는데요. 고대 그리스 사람들의 독특한 세계관은, 수학에 대해서도 새로운 관점을 만드는 계기가 되었습니다.

"참이라고 증명되지 않은 것은 수학이 아니야!"

고대 그리스 수학자들에게 현실문제를 해결하기 위한 수학은 처음부터 관심 밖에 있었습니다.

"현실문제를 해결하기 위한 수학은 노예에게 맡겨!"

세계 4대 문명에서 일부 귀족들이 독점했던 수학 지식을, 고대 그리스에서는 노예들에게 맡긴 건데요. 영원불변의 이상세계를

 탐구했던 고대 그리스인들의 세계관 덕분에, 수학이 나름 대중화 되었다고 볼 수도 있습니다.

 고대 그리스인들에게는 모든 것이 완벽하고 변하지 않는 이상 세계야말로 진정한 세계이고, 모든 것이 변하고 사라지는 현실 세계는 거짓된 세계였습니다. 이와 같은 세계관으로 인해 현실 세계의 문제를 해결하는 것보다는, 이상세계를 탐구하고자 하는 욕구가 더 컸던 건데요. 하지만 문제가 하나 있었습니다. 현실 세계에 사는 사람은 이상세계를 갈 수도, 또 볼 수도 없다는 점입니다.

 "어떻게 하면 완벽한 이상세계를 탐구할 수 있을까?"를 고민하던 고대 그리스인들이 주목한 것이 바로 기하학입니다. 참이라고 증명된 사실들만으로 만들어진 기하학을 통해, 영원불변의 성질을 탐구할 수 있다고 생각했던 건데요.

 "영원히 변하지 않는 성질을 탐구하는 기하학만이 가치 있는 수학이야!"

 현실 세계를 거짓으로 보면서 이상세계만을 탐구했던 고대 그리스인들의 세계관으로 인해, 수학은 현실 세계와 점점 멀어졌습니다. 이와 같은 이유로, 일부에서는 기하학을 "수학을 위한 수학"이라 비난하기도 했고요. 하지만 현실문제를 외면했다고 해서, 수학의 가치를 낮게 평가하는 것은 옳지 않습니다. 영원히 변하지 않는 성질을 탐구했던 고대 그리스 수학은 2500여 년의

4부 수학이란 무엇인가?

시간과 공간을 뛰어넘어, 현대 과학 문명의 토대가 되었으니까요!

모든 것이 완벽하고 변하지 않는 이상세계를 꿈꿨던 고대 그리스의 관점에서 보면, 수학의 의미와 가치는 다음과 같습니다.

• • •

수학은
영원히 변하지 않는 성질을 탐구하는 학문이다!

 수학의 골든타임

데카르트가 가져온 수학의 혁명

고대 그리스의 수학이 현대수학의 토대가 되었다고 했죠! 고대 그리스 수학이 추구했던 영원불변의 성질은 시간과 공간의 제약을 받지 않으므로, 당연한 결과라고 생각할 수도 있습니다. 참이라고 증명된 사실은 그때나 지금이나 항상 참이니까요. 하지만 고대 그리스 수학은 매우 오랫동안 인류문명에 의해 파괴되었고, 또 외면받았습니다.

● ● ●

로마제국에 의해 불태워진 그리스의 수학!

4부 수학이란 무엇인가?

　지중해의 패권을 두고 로마와 카르타고 사이에 벌어진 제2차 포에니 전쟁(B.C. 218-202) 중에, 카르타고의 편에서 로마에 대항하던 고대 그리스 도시국가 '시라쿠사(Syracusa)'가 기원전 212년경에 로마에 의해 멸망했습니다. 이때 인류 최고의 천재라 칭송받고 있는 아르키메데스도, 그의 조국 시라쿠사를 침략한 로마 군인에 의해 죽임을 당했는데요. 이후 아르키메데스의 저서들을 포함해서, 대부분의 그리스 수학책들이 로마 군인들에 의해 불태워졌습니다.

　고대 그리스 수학의 불행은 여기서 멈추지 않습니다.

　기원전 3세기에 프톨레마이오스 황제에 의해 건립된 이집트 알렉산드리아 도서관에는 70만 권에 이르는 장서들이 있었습니다. 알렉산드리아 도서관에는 고대 그리스의 책들뿐만 아니라, 세계 여러 나라의 책들을 그리스어로 번역하여 소장하고 있었는데요. 당시의 알렉산드리아 도서관은 세계의 모든 책들이 보관되어 있는 학문과 지식의 전당이었습니다.

　우리가 잘 알고 있는 대부분의 고대 그리스 수학자들, 피타고라스, 유클리드, 아르키메데스 등도 알렉산드리아에 유학 가서 수학을 공부했을 정도니까요. 현대 수학의 출발점이라는 평가를 받고 있는 유클리드의 <<원론(Elements)>>이 저술된 곳도 알렉산드리아 도서관이었습니다.

　그런데 당시에 세계적인 지혜와 지식의 전당으로 인정받던 알렉산드리아 도서관에 큰 화재가 발생해서 70만 권에 이르는 장

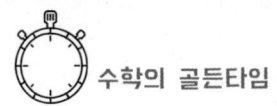

서들이 재로 변해버렸습니다. 알렉산드리아 도서관의 화재 원인에 대해서는 두 가지 가설이 존재하는데요.

첫 번째는, 기원전 48년 율리우스 카이사르가 알렉산드리아를 방문했을 때, 해상에 정박해 놓은 배에 난 불이 도서관으로 옮겨 붙었다는 내용이고요.

두 번째는, A.D. 391년 마르쿠스 아우렐리우스황제 재임 기간에 알렉산드리아의 주교 데오빌로의 지시로 알렉산드리아 도서관에 불을 질렀다는 내용입니다.

상식적으로 판단할 때, 해상에 정박되어 있는 배에 아주 큰 불이 났다고 해도 그 불이 육지에 있는, 더욱이 돌로 지어진 도서관에 옮겨붙었을 가능성은 적어 보입니다. 사실이야 어찌 되었든, 로마인의 손에 의해 70만 권에 이르는 장서들이 불에 타버린 것은 변함없는 사실입니다.

실용성의 가치를 중시했던 로마인들에게 이상세계를 꿈꿨던 그리스 학문은 허황되고, 무가치하게 보였던 것 같습니다. 실제 기원전 146년 그리스를 멸망시킨 로마제국은 그리스의 학문적 업적과 유산들을 철저하게 불태웠는데요. 이와 같은 파괴 행위는 로마제국 1000년 동안 계속되었습니다.

고대 그리스 수학의 불행은 로마제국 1000년 이후에도 계속되었습니다. 9세기부터 16세기에 걸친 중세 기독교시대가 이어진 건데요. 기독교 서적 이외의 모든 학문, 특히 과학을 이단이라고 간주했던 중세시대는, 말 그대로 수학의 암흑기였습니다.

고대 그리스의 멸망 후 1600년 동안이나 영원히 변하지 않는 진리를 탐구했던 그리스 수학은 파괴되고, 외면받았습니다. 다행히도 로마제국과 중세 기독교의 영향권 밖에 있었던 아라비아 지역에서 몇 권의 책으로 남아서, 간신히 그 명맥을 유지할 수 있었던 겁니다.

17세기에 거의 죽음 직전까지 갔던 고대 그리스 수학이 다시 부활하고, 현대 수학의 토대로 우뚝 서는 일대 사건?이 일어나는데요. 그 사건의 주인공은 서양 근대철학의 출발점으로 평가받는 '르네 데카르트$_{René\ Descartes}$'였습니다.

> 화이트헤드가 말한 것처럼 유럽 철학이 플라톤에 대한 각주라면, 근대 유럽 철학은 데카르트에 대한 각주다. 근대는 무엇에서든 확실하고 단단한 토대를 요구하는 시대다. 내가 알고 있다고 여기는 것, 내가 믿고 있는 것 등 그 어떤 것에서든 분명하고 확실한 근거를 요구한다. 이러한 요구가 바로 근대적 합리정신이며, 데카르트는 근대의 철학적 출발점이었다.
> ― by 레젝 콜라콥스키.

고대 그리스 수학이 부활하고, 현대수학을 태동시켰던 수학의 혁명은 의외로 간단해 보이는 수학 개념의 출현에서 시작되었습니다. 바로 데카르트가 제안한 "직교좌표계$_{Rectangular\ coordinate\ system}$"인데

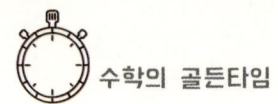 수학의 골든타임

요. 평면에서의 직교좌표계는 "서로 수직으로 만나는 두 개의 직선"으로, 구조가 매우 단순하고 간단해서 직교좌표계가 현대수학을 태동시켰다는 말이 쉽게 이해되지 않을 수 있습니다.

• • •

직교좌표계가 도입됨으로써 '기하학'과 '대수학'이 융합되고, 새로운 '해석기하학'이 탄생했습니다.

수천 년 동안 서로 다른 관점과 목적을 가지고 별도로 발달했던 기하학과 대수학이 데카르트가 만든 직교좌표 위에서 융합되고, 그 결과 새로운 해석기하학$_{Analytical\ Geometry}$이 탄생하게 됩니다.

예를 들어, '원$_{Cycle}$'을 생각해 볼게요.

고대 그리스시대의 기하학에서는 백지 위에 원을 그린 후에 원에 숨겨져 있는 영원불변의 성질을 찾았습니다. 우리가 잘 알고 있는 '원주율 π'는 원에서 찾을 수 있는 대표적인 영원불변의 성질입니다.

그런데 똑같은 원을 이번에는 직교좌표 위에 그리면, 각각의 원을 '방정식$_{Equation}$'으로 나타낼 수 있게 됩니다.

4부 수학이란 무엇인가?

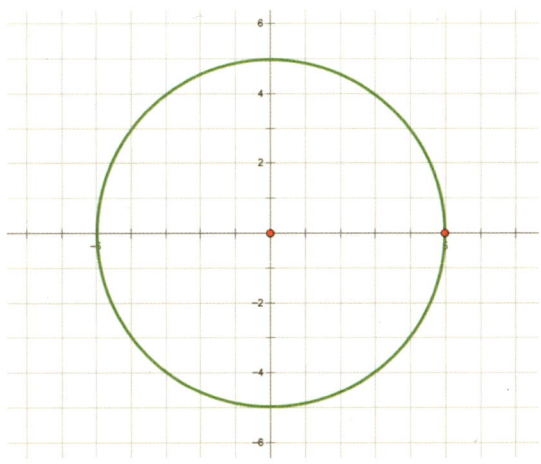

그림에서처럼 원점이 중심이고, 반지름의 길이가 5인 원의 방정식은 $x^2+y^2=5^2$이 되는데요. 이처럼 도형의 성질을 방정식으로 나타내어 연구하는 수학의 한 분야를 '해석기하학'이라고 합니다.

이와 같은 해석기하학의 토대에 고대 그리스의 수학이 있습니다. 예를 들어, 해석기하학에서 '두 점 사이의 거리$_{Distance}$'는 도형방정식과 함수방정식을 만드는 핵심개념인데요. 해석기하학의 핵심개념인 두 점 사이의 거리를 만든 수학 개념이 바로 '피타고라스 정리'입니다. 두 점 사이의 거리뿐만이 아니라, 대부분의 해석기하학은 고대 그리스 수학에 토대를 두고 있습니다.

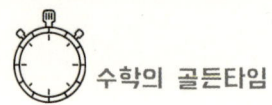

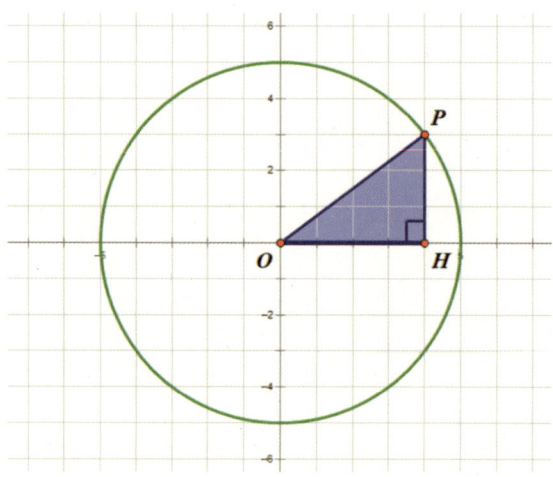

그림에서 중심이 원점 O이고 반지름의 길이가 5인 원의 방정식이 $x^2+y^2=5^2$ 이 되는 이유를 설명해 볼게요.

원 위의 임의의 점 $P(x, y)$에서 x축에 내린 수선의 발을 $H(x, 0)$라 하면, 삼각형 OPH는 직각삼각형이 됩니다.
피타고라스정리에 의해
$$\overline{OH}^2 + \overline{PH}^2 = \overline{OP}^2$$
여기서 $\overline{OH}=x$, $\overline{PH}=y$, $\overline{OP}=5$이므로
$$x^2+y^2=5^2$$

데카르트가 만든 평면 또는 공간에서의 직교좌표계는 이후 미적분학과도 융합했습니다. 그 결과 우주와 자연의 다양한 규칙과

움직임을 함수나 방정식으로 표현할 수 있게 되었고, 이와 같은 수학적 지식은 현재의 과학문명을 일구는 바탕이 되었던 겁니다. 이처럼 '수학을 위한 수학'이라고 비난받았던 고대 그리스 수학이 없었다면, 현대수학의 탄생과 과학문명의 발달도 불가능했을 겁니다.

세계 4대 문명의 실용수학부터 현재의 해석기하학까지, 수학의 의미와 가치는 시대별, 관점별로 차이가 있음을 확인했는데요. 어느 것은 옳고, 어느 것은 틀리다는 시각은 맞지 않습니다. 수학을 바라보는 관점에 따라서 수학의 의미와 가치가 달라지는 것은 매우 자연스러운 일입니다. 수학의 의미와 가치는 관점에 따라서 '현실문제의 해결'이 될 수도 있고, '영원히 변하지 않는 성질 탐구'가 될 수도 있는 겁니다. 그러나, 한 가지 분명히 알아야 할 것이 있습니다!

・・・

영원불변의 성질을 알아야
현실문제도 해결할 수 있습니다!

영원불변의 성질은 시간과 공간을 초월하여 모든 우주 만물에 똑같이 적용됩니다. 마치 컴컴한 밤바다에 떠 있는 배들에게 방향을 알려주는 등대와 같다고 할 수 있는데요. 등대가 있기에 배

들이 암흑 속에서 길을 잃지 않고, 안전하게 항구로 돌아올 수 있는 겁니다!

• • •

수학은 과학에게 등대와 같습니다!

변화무쌍한 자연에게도, 미지의 세계인 우주에게도, 과학이 두려움 없이 나갈 수 있는 것은 수학이 있기에 가능한 겁니다. 등대가 밤바다에 떠 있는 배들에게 방향을 알려 주는 것과 같이, 수학은 과학에게 우주와 자연을 관통하는 절대 진리를 알려주고 있습니다. 이와 같은 관점에서 판단해 보면, 수학의 의미와 가치는 영원히 변하지 않는 성질을 탐구하는 것이 맞습니다. 수학 공부를 통해 영원불변의 성질을 충분히 익힌 후에야, 현실문제의 해결에 수학지식을 활용할 수 있는 거고요. 이 사실을 수학 공부를 하는 동안에 항상 기억해주기 바랍니다.

• • •

수학의 의미와 가치는
영원불변의 성질을 탐구하는데 있습니다!

5부

수학 자존감을 높이는 공부 방법

수학 자존감

'자존감 Self-esteem'의 사전적 의미는 "자신에 대한 존엄성이 타인들의 외적인 인정이나 칭찬에 의한 것이 아니라, 자신 내부의 성숙된 사고와 가치에 의해 얻어지는 개인의 의식"입니다. 좀 길고 복잡한데요. 간단히 말하면 자존감은 "스스로 존중하는 마음"을 뜻합니다. 같은 의미에서 수학 자존감은 다음과 같이 정의할 수 있습니다.

• • •

자신의 수학 능력을 존중하는 마음

5부 수학 자존감을 높이는 공부 방법

아이의 수학 자존감을 높이는 공부 방법을 찾고, 이를 실천하기 위해서 먼저 해야 할 일이 있는데요. 바로 "수학 능력이 무엇인가?"에 대한 답을 찾는 겁니다. 수학 능력이라는 말은 많이 들어봤을 겁니다. 수학 공부를 하는 이유도 수학 능력을 기르기 위함이라 하고, 미래학자들도 미래사회에서는 수학 능력을 요구한다고 주장하니까요. 하여튼 수학 능력이 중요한 건 맞는 것 같습니다.

'수학 능력은 어떤 능력을 말하는 걸까요?'

이 기회에 한 번 생각해 보세요. 많은 사람이 수학 능력을 언급하면서도, 정작 수학 능력이 어떤 능력을 말하는 건지 설명해 주는 사람을 본 적이 없을 테니까요.

"어려운 문제를 잘 푸는 능력이요!"

이렇게 대답하는 분들이 가장 많지 않을까요? '수학'이라고 하면 가장 먼저 떠오르는 단어가 '문제'니까요. 대부분의 사람들은 수학 능력이 문제 풀이 능력이라고 생각할 겁니다. 입시 위주의 교육에서는 어려운 문제를 잘 푸는 것이 곧 수학을 잘하는 거잖아요.

'그럼, 이번에는 입시를 빼고 생각해 볼까요?'

수학 또는 수학 공부의 목적이 입시만은 아니잖아요. 학생들을 변별하거나 뽑기 위한 시험과 입시가 없다고 생각해보세요.

'수학 능력은 무엇인가요?'

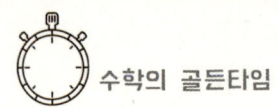 수학의 골든타임

머릿속에서 시험, 성적, 입시를 지우고, 수학의 정의를 생각해 보는 겁니다.

"맞아! 수학은 영원히 변하지 않는 성질을 탐구하는 학문이라고 했지!"

이제는 수학 능력이 무엇인지 말할 수 있을 것 같지 않나요? 시험, 성적, 입시를 지워버릴 수만 있다면, 미래학자들이 말하는 수학 능력이 무엇인지 알 수 있습니다.

• • •

수학 능력은
영원히 변하지 않는 성질을 탐구하는 능력입니다!

물론, 영원히 변하지 않는 성질이라는 문장이 갖는 위압감이 있을 겁니다. 앞에서도 설명했듯이, 거의 모든 사람들이 알고 있는 영원불변의 성질들도 많지만, 그래도 수학영재나 천재들만이 수학을 탐구할 수 있는 것처럼 느껴지는 게 사실입니다.

다시 수학 능력으로 돌아올게요. 영원히 변하지 않는 성질이라는 것은 '항상 참이 된다는 것이 증명된 사실'을 말하잖아요! 따라서 수학 능력은 '논리적으로 표현하는 능력', 그리고 '논리적인 표현의 가치를 이해하는 능력'이라고도 말할 수 있습니다.

5부 수학 자존감을 높이는 공부 방법

• • •

수학 능력은 논리적으로 표현하는 능력,
그리고 논리적인 표현의 가치를 이해하는 능력입니다.

바로 이어지는 "미래사회와 수학"에서는 미래사회에서 요구하는 핵심역량에 관해 이야기할 건데요. 대부분의 미래학자들이 미래사회에서 요구하는 가장 중요한 핵심역량으로 '수학 능력'을 말하고 있습니다. 따라서 우리는 올바른 수학 공부법으로, 미래사회를 살아갈 아이들에게 수학 능력을 길러주어야 합니다. 아이들을 변별하기 위한 입시교육으로는 미래사회가 요구하는 수학 능력을 기를 수 없으니까요.

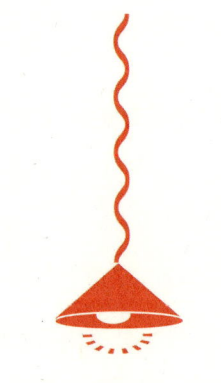

미래사회와 수학

    2016년에 있었던 일인데요. 구글 자회사 딥마인드가 개발한 인공지능 바둑프로그램 '알파고AlpaGo'가 전 세계를 발칵 뒤집어 놓는 大사건이 있었습니다.

    "인공지능이 인간의 지적능력을 넘어섰다!"

    2016년 3월 알파고와 대국을 펼쳤던 이세돌 9단이 1승 4패로 알파고에 무릎을 꿇자, 전 세계는 충격과 두려움에 휩싸였습니다. 대부분의 전문가들이 "바둑은 인공지능이 절대 인간을 이길 수 없는 마지막 보루"라고 믿고 있었거든요. 그런데 믿었던 바둑마저 인공지능 앞에 무릎을 꿇었던 겁니다.

5부 수학 자존감을 높이는 공부 방법

[딥마인드 대표와 이세돌 9단]

 2016년은 세계경제포럼WEF(World Economic Forum)에서 '초연결'과 '초지능'을 특징으로 갖는 "제4차 산업혁명"이 시작되었음을 선포한 해이기도 합니다. 제4차 산업혁명은 "인공지능, 사물 인터넷, 빅데이터, 모바일 등 첨단 정보통신기술이 경제·사회 전반에 융합되어 혁신적인 변화가 나타나는 차세대 산업혁명"을 의미하는데요. 그 중심에 인공지능이 있습니다. 세계경제포럼에서 제4차 산업혁명의 시작을 선포할 때만 해도 사람들은 별로 관심을 갖지 않았습니다.

 "먼 미래의 일이겠지!"

 저도 인공지능에 대해서는 잘 몰랐지만, 두려움의 대상이라기보다는 삶을 편리하게 만들어 주는 프로그램 정도로 이해하고 있었는데요. 인터넷 생중계로 이세돌 9단이 알파고에 일방적으로 패배하는 모습을 지켜보면서, 솔직히 인공지능에 대한 두려움을

느꼈습니다. 인공지능이 이미 인간의 지적능력을 넘어섰고, 그 격차는 매우 빠르게 벌어질 것이라는 뉴스가 TV와 인터넷을 뒤덮었는데요. 대부분이 인공지능의 엄청난 학습능력에 관한 내용이었습니다.

"인간이 10년에 걸쳐 습득할 지식을, 인공지능은 단 몇 분 만에 학습할 수 있다!"

저는 2016년에 교육부에 파견되어 미래교육에 대한 연구를 진행했습니다. OECD와 한국교육개발원 등에서 발표한 미래교육 연구 자료를 읽으면서, "미래인재 육성을 위한 학교교육"이라는 주제로 보고서를 쓰고 있었고요.

당시 제가 읽었던 대부분의 연구논문과 보고서에는 인공지능 기술의 발전을 예측하고, 인공지능 시대를 살아갈 아이들에게 무엇을, 어떻게 교육시켜야 하는지에 관한 내용이 자세히 서술되어 있었습니다. 미래사회에서 요구하는 능력으로는 공통적으로 '인문학적 상상력', '과학기술 창조력', '협업능력' 등을 꼽았는데요. 여기에 더하여, 인공지능이 일반화된 미래사회에서 학생들이 갖춰야 할 핵심능력으로 지목된 것이 하나 더 있었습니다.

"수학 능력!"

인공지능 기술이 고도로 발달할 미래사회에서는 학교와 교육의 역할이 크게 변해야 합니다. 지금까지와 같은 지식 전달과 문제 풀이 위주의 입시교육으로는, 미래사회에서 필요로 하는 인재를 길러낼 수가 없으니까요. 지식의 습득이나 문제 풀이에서 인간은 이미 인공지능의 상대가 되지 않습니다.

• • •

미래사회가 요구하는 핵심역량은 수학 능력?!

교육부에 파견되어 있던 6개월 동안 미래학자, 미래교육전문가, 인공지능전문가, 자율주행전문가 등이 진행하는 다양한 학술회의와 세미나에 참석하여, 전문가들의 의견을 직접 들을 수 있는 기회가 많았습니다.

인공지능과 빅데이터를 중심으로 하는 미래사회가 어떤 모습을 가질지, 또 그런 미래사회에서 살아가야 할 아이들에게 어떤 능력을 길러주어야 할지 고민하면서 전문가들의 설명을 들었는데요. 대부분의 미래사회 전문가들이 공통적으로 강조하는 내용이 있었습니다.

"수학 능력이야말로 미래사회를 살아가기 위한 핵심능력이다!"

OECD와 한국교육개발원 연구자료, 그리고 다양한 분야의 미래사회 전문가들이 공통적으로 '수학 능력'을 강조하고 있었는데요. 당시에는 전문가들이 말하는 수학 능력이 무엇인지 이해할 수 없었습니다.

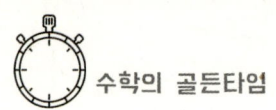 수학의 골든타임

• • •
수학 능력이란 무엇인가?

미래사회가 요구하는 '수학 능력'이 과연 어떤 능력을 말하는 것인지 궁금했습니다. 지금처럼 초·중·고등학교 12년 동안 일주일에 4시간씩 수학을 배우는 것으로, 미래사회에서 요구하는 수학 능력을 기를 수 있을까요?

미래사회 전문가들이 말하는 수학 능력이 입시를 위한 문제 풀이 능력이 아닌 것은 분명합니다. 한 번 생각해보세요! 단지 학생들을 변별할 목적으로 만들어진, 그리고 별다른 의미도 없는 고난이도 수학문제들도, 결국에는 인공지능이 더 잘 풀지 않을까요?

수학박사이고, 20년 넘게 수학을 가르쳐온 저도 미래사회가 요구하는 수학 능력이 무엇인지 모르겠더라고요. 아이들에게 미래사회에서 요구하는 수학 능력을 길러주기 위해서는 먼저 개념을 정확하게 정립하는 것이 필요하다고 느꼈습니다. 대략 1개월 정도의 집중 연구를 통해서, 제 나름대로 미래사회가 요구하는 수학 능력에 대한 개념을 세 가지로 구분하여 정리했습니다.

첫째, 추상적 사고능력

모든 수학 개념들은 추상적입니다. 사물 그 자체가 아닌, '사물이 가지고 있는 속성'을 의미하는 건데요. 대상의 속성을 파악하는 추상적 사고능력이야말로, 대표적인 수학 능력이라고 생각합니다. 이런 의미에서 수학은 단순한 지식을 다루는 학문이 아니라, 우주와 자연에 대해 '통찰Insight'할 수 있는 능력을 길러주는 학문이라고 할 수 있습니다. 따라서 수학교육은 아이들의 추상적 사고능력을 길러줄 수 있어야 합니다. 이것이 수학 개념의 의미와 가치의 이해가 수학교육의 핵심 목표가 되어야 하는 이유이고요. 현재와 같이 입시를 위한 문제 풀이 위주의 수학교육으로는, 미래사회에서 요구하는 추상적 사고능력을 기를 수 없습니다.

둘째, 논리적 사고 및 표현능력

추상적 개념들은 문자와 기호를 사용하여 정의됩니다. 우주와 자연의 속성이나 도형의 성질 등은 추상적 개념들로 표현할 수 있고요. '논리적 사고능력'은 "참이라고 증명된 사실들을 근거로 삼아 새로운 사실을 이끌어 내는 추론적 사고"를 말하는데요. 논리적 사고능력은 단순히 생각만으로 끝나는 것이 아니라, 그 과정을 문자와 기호를 사용하여 논리적으로 표현할 수 있어야 합니다.

논리적 사고 및 표현능력은 수학노트에 정리하는 습관으로 기를 수 있습니다. 하지만 단기간에 길러지는 능력이 아니므로, 최소한 1년 이상 꾸준하게 증명 또는 풀이 과정을 수학노트에 직접 손으로 쓰면서 정리하는 습관을 들여야 합니다.

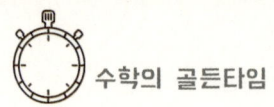 수학의 골든타임

셋째, 문제 탐구 및 해결 능력

추상적으로 정의된 수학 개념을 명확하게 이해하고, 문자와 기호를 사용하여 풀이 과정을 논리적으로 서술하는 능력은 수학교육 및 학습의 핵심목표입니다.

미래학자들이 말하는 수학 능력은 '추상적 사고능력'과 '논리적 표현능력'을 기초로 합니다. 따라서 수학 공부도 추상적 사고능력과 논리적 표현능력을 기르는 데 중점을 두어야 하고요. 이를 바탕으로 문제 탐구 및 해결 능력도 기를 수 있습니다. 문제 탐구 및 해결 능력은 "추상적 사고능력과 논리적 표현능력을 바탕으로 대상이나 문제를 탐구하고 해결하는 능력"을 말하는데요.

'입시교육에서의 문제 풀이 능력과는 차원이 다른 능력임을 알아야 합니다!'

문제 풀이 능력은 학생들을 변별하기 위해서 입시교육이 만들어 낸 도구일 뿐이고요. 문제 탐구 및 해결 능력은 다음과 같은 과정을 거쳐서 문제를 해결하는 능력을 의미합니다.

> 첫째, 대상이나 문제를 관찰하여
> 둘째, 속성과 성질을 파악하고, 관련된 수학 개념과 연결하여
> 셋째, 대상의 성질이나 문제의 해결 과정을 문자와 기호를 사용하여 논리적으로 표현하는 능력

5부 수학 자존감을 높이는 공부 방법

문제 탐구 및 해결 능력은 수학을 이용하여 대상을 관통하는 성질이나 문제의 해결 과정을 찾고, 그 과정을 논리적으로 표현하는 능력으로, 통찰에 가깝다고 할 수 있습니다. 이 과정에서 학생들은 수학의 의미와 가치뿐만 아니라, 수학의 힘을 느낄 수 있습니다.

・・・

미래사회에서 요구하는 수학 능력은
수학 개념의 이해능력, 논리적 사고 및 표현능력,
문제 탐구 및 해결 능력을 의미합니다!

아이들에게 미래사회가 요구하는 수학 능력을 길러주기 위해서는 '수학 능력이 무엇인가?'에 대한 명확한 이해가 필요합니다. 특히 수학 개념을 완벽하게 이해하는 능력은 논리적 사고 및 표현능력과 문제 탐구 및 해결 능력의 중요한 토대가 됨을 알아야 합니다.

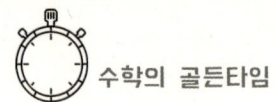

올바른 수학 공부 방법

올바른 수학 공부는 미래사회에서 요구하는 수학 능력을 기르는 공부를 의미합니다. 또한, 올바른 수학 공부는 아이의 수학 자존감을 높여 주는 공부여야 하고요. 수학 능력이 무엇이고 어떻게 하면 기를 수 있는지는 설명했으니, 이번에는 아이의 수학 자존감을 높이는 공부 방법에 관해 이야기해 보려 합니다.

수학 자존감은 아이의 수학학습에 직접적인 영향을 주기도 하고, 또 받기도 합니다. 따라서 초등학교부터 고등학교까지, 수학 자존감을 일정하게 유지하거나 높이기 위해 많은 노력을 기울여야 합니다.

5부 수학 자존감을 높이는 공부 방법

• • •

올바른 수학 공부는
아이의 수학 자존감을 높이는 공부입니다.

아이의 수학 자존감을 높이기 위한 수학 공부 방법은 다음과 같습니다.

첫째, 학교 수학 수업의 내용을 이해할 수 있어야 합니다.

수학 자존감을 높이기 위해 가장 중요한 점은, 수업시간에 선생님의 설명을 이해할 수 있어야 한다는 겁니다. 사실 조금만 노력하면, 누구나 선생님의 설명을 이해할 수 있습니다. 중요한 것은 수학 실력이 아니라, 수업에 대한 적극적 참여 자세인데요. 수업 시작 전 5분만 할애해서, 오늘 수업할 내용을 대충 읽어보기만 해도 선생님의 설명을 이해할 수 있습니다.

둘째, 수학 공부에서 예습은 선택이 아닌 필수입니다.

수업 전 5분 정도의 예습만으로도 그 효과는 상상을 초월합니다. 수업시간에 선생님의 설명이 이해되는 기적?을 경험하게 될 테니까요! 하지만 5분 예습만으로는 수학 자존감을 높이는데 충분하지 않습니다. 수학 자존감을 높이기 위한 예습은 하루 30분 이상의 시간을 투자하여 일주일 이상의 진도를 미리 공부하는

 수학의 골든타임

것을 말합니다.

예습의 핵심은 '수학 개념을 완벽하게 이해하는데 있다.'는 점을 기억해야 하는데요. 수학 개념을 완벽하게 이해하지도 못한 채 어려운 문제를 푸는 방식으로 예습을 하게 되면, 오히려 수학에 대한 거부감과 스트레스를 키울 뿐입니다.

예습은 각 단원의 핵심적인 수학 개념을 완벽하게 이해하고, 예제나 쉬운 문제를 풀어보는 정도가 적당하고요. 1회 학습에서는 교과내용의 50% 정도만 이해해도 성공적인 예습이라고 할 수 있습니다.

셋째, 문자와 기호를 사용하여 풀이 과정을 논리적으로 서술할 수 있어야 합니다.

수학은 실생활에서 사용하지 않는 문자와 기호를 사용한다는 점을 인정해야 합니다. 더욱이 대부분의 수학 개념은 현실 세계에는 존재하지 않는 추상적인 의미를 가지고 있고요. 추상적인 개념, 문자와 기호 등을 실생활에서 사용할 일은 없잖아요.

• • •

수학은 생활하는데 전혀 필요가 없어!!

일상생활을 하면서 중·고등학교에서 배우는 기하학, 방정식, 함수 등을 사용할 일은 거의 없습니다. 초등학교 저학년에서 배운 덧셈, 뺄셈, 곱셈, 나눗셈 정도만 알면 사는 데 전혀 불편함이 없잖아요.

'혹시 피타고라스 정리를 이용해서 실생활 문제를 해결한 적이 있나요?'

단연코, 단 한 명도 없을 겁니다!

굳이 억지스러운 상황을 만들지 않는 한, 일상생활에서 피타고라스 정리를 사용할 일은 없습니다. 이유는 중·고등학교에서 배우는 수학내용 대부분이 고대 그리스시대의 수학이거나, 데카르트 이후에 만들어진 해석기하학이기 때문인데요. 실생활의 문제를 해결하는 것과는 거리가 먼 수학을 배우는 겁니다. 따라서 수학 공부의 첫 번째 목표는 "문자와 기호를 이용하여 풀이 과정을 논리적으로 서술하는 능력을 기르는 것"에 두어야 합니다. 이를 위해서는 수학노트 정리가 필요하고요. 수학 개념과 문제의 풀이 과정을 반복해서 손으로 직접 쓰는 습관을 들이는 것이, 수학 공부의 승패를 결정하는 중요한 요인이라고 할 수 있습니다.

넷째, 객관적인 평가에서 자신의 실력을 인정받을 수 있어야 합니다.

평소의 공부방법과 시험공부방법은 달라야 합니다. 평소에는 예습을 통해 수학 개념을 완벽하게 이해하고, 반복 학습을 통해 문자와 기호의 사용에 익숙지는 것에 집중해야 하는데요. 하지만

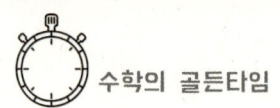

이것만으로는 시험에서 좋은 성적을 얻을 수는 없습니다.

시험에서, 특히 긴장도가 매우 높은 수학시험에서 문제를 정확하게 풀기 위해서는 별도의 시험공부를 해야 합니다. 시험공부방법에 대한 자세한 이야기는 다음에 이어지는 "시험은 스킬이다!"에서 다룰 예정이고요. 여기서는 핵심만 간단히 설명해 보겠습니다.

• • •

시험에서 좋은 성적을 얻기 위해서는
시험상황에 맞는 시험공부를 해야 합니다.

수학시험 볼 때의 긴장감은 매우 높습니다. 짧은 시간에 실수하지 않고 문제를 풀어야 한다는 압박감 때문인데요. 평상시에 수학문제를 푸는 것과는 비교가 되지 않습니다. 이처럼 긴장감이 높은 시험에서 문제를 빠르고 정확하게 풀기 위해서는, 같은 문제를 여러 번 반복해서 풀어보아야 하는데요. 한 번 풀었던 문제라도 눈으로만 풀면 안 되고, 항상 손으로 풀이 과정을 정확하게 써 봐야 합니다.

이전에 없던 새로운 수학문제는 없습니다. 각각의 단원마다 대표문제들이 있는데요. 선생님들이 시험문제를 출제할 때도 이런 대표문제들을 중심으로, 조금씩 변형하여 시험문제를 만드는 겁니다. 따라서 시험공부를 할 때는 기출문제나 예상문제를 이용해서 시험상황과 동일한 조건에서 모의평가를 봐야 합니다. 그것도 여러 번에 걸쳐 모의평가를 보면서 시험상황에 익숙해져야 합니다. 시간을 재면서 모의평가를 반복하다 보면, 내가 평소에 풀 수 있다고 생각했던 문제들 중에서도 틀리거나, 풀이 방법이 생각이 나지 않는 문제들을 발견할 수 있는데요. 이런 문제들만 집중적으로 공부하면, 자신감도 높아지고 실수도 줄일 수 있습니다.

수학 자존감을 높이기 위해서는 수업시간에 선생님의 설명을 이해하는 것만으로는 부족합니다. 학교에서 치러지는 객관적인 평가에서 어느 정도의 성취감을 느낄 수 있어야 하는데요. 처음부터 100점을 목표로 하기 보다는, 시험에서 실수하지 않고 꾸준하게 성적을 올리는 것을 목표로 설정하는 것이 좋습니다.

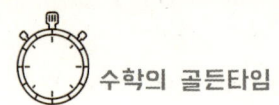

하루 30분 수학 공부법

하루 30분 수학 공부법은 초등학생이나 중학생에게 적합한 공부 방법입니다. 고등학교에서 중상위 수준의 내신관리를 하기 위해서는 하루 2시간 정도의 수학 공부가 필요한데요. 2시간도 어느 정도의 예습이 되어 있는 경우를 말하는 것이고, 예습이 충분하지 않은 경우에는 그 이상의 공부시간이 필요합니다. 고등학교 수학의 공부 방법은 앞에서 다룬 "완벽한 수학 공부법"을 참고해 주시기 바랍니다.

초등학교나 중학교 시절에는 하루 30분 수학 공부법으로, 올바른 수학 공부습관을 만드는 것이 매우 중요합니다. 고등학교 수학 성적도 중학교 수학 공부에 따라 결정된다고 볼 수 있는데요.

5부 수학 자존감을 높이는 공부 방법

올바른 공부법으로 수학 자존감을 높이고, 문자와 기호를 사용하여 풀이 과정을 논리적으로 서술하는 것에 익숙해진 아이는 고등학교 수학도 잘할 수 있습니다.

• • •

하루 30분 수학 공부법의 핵심은
예습!, 수학노트정리!, 반복 학습!

하루 30분 수학 공부법으로 수학 자존감을 높이고, 시험에서도 높은 성적을 얻을 수 있는데요. 수학 자존감을 높이는 하루 30분 수학 공부법의 핵심요소 세 가지는 '예습', '수학노트정리', '반복 학습'입니다.

첫째, 예습!

예습은 수학 자존감을 높이는 핵심요소입니다. 수업시간에 선생님의 설명을 이해할 수 있을 뿐만 아니라, 수학 공부에 적극적인 태도로 임하고 있음을 의미하기 때문입니다.

여기서 말하는 예습은 '수학 개념의 완벽한 이해'와 이를 돕기 위한 '예제와 쉬운 문제 풀이'를 의미합니다. 학원에서처럼 하루 5시간씩의 문제 풀이로 아이들을 지치게 만드는 예습과는 다른데요. 수학 공부의 핵심은 수학 개념의 완벽한 이해임을 다시 한 번 강조합니다.

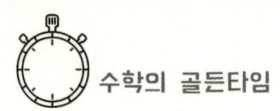 수학의 골든타임

• • •

예습의 목적은 '수학 개념에 익숙해지는 것'입니다.

예습은 낯설고 어렵게 보이는 수학 개념에 익숙해지는 효과가 있습니다. 또한, 수업시간에 선생님의 설명을 100% 이해할 수 있게 만들어 주기도 하고요. 예습의 진도는 아이의 성향과 능력에 맞게 선택하면 되는데요. 초등학생이나 중학생의 경우에는 1년 정도 앞서서 예습을 하는 것이 효과적입니다.

제가 정윤이와 아빠표 수학을 할 때는 좀 더 빠르게 진도를 나갔는데요. 낮아진 정윤이의 수학 자존감을 높여 줄 필요가 있었기 때문입니다.

"고등학교 1학년까지의 수학이 별거 아니네!"

이것이 아빠표 수학의 목표였습니다. 아이들이 중학교 2학년 여름방학까지 고등학교 1학년 수학을 세 번 반복 학습했는데요. 의미 없는 문제 풀이에 시간을 낭비하지 않았고, 수학 개념의 완벽한 이해에 집중했다는 점을 강조하고 싶습니다.

• • •

고등학교 수학도 할 만하네!!

제가 생각하는 예습의 가장 큰 목적은 수학에 대한 두려움을 없애고, 자신감을 갖게 하는데 있습니다. 따라서 예습 과정에서 굳이 어려운 문제를 풀 필요가 없는 거고요. 난이도가 높은 문제는 수학 개념을 완벽하게 이해하고 반복 학습 과정에서 풀거나, 해당 학년이 되어서 시험공부를 할 때 풀어도 절대 늦지 않습니다.

둘째, 수학노트정리!

수학 공부는 "문자와 기호를 사용하여 풀이 과정을 논리적으로 서술하는 연습"을 의미하는데요. 올바른 수학 공부의 과정은 3단계로 나눌 수 있습니다

> 1단계 : 수학 개념의 완벽한 이해 단계
> 2단계 : 문자와 기호의 사용에 익숙해지는 단계
> 3단계 : 문제해결능력 신장 단계

수학 공부의 2단계인 '문자와 기호의 사용에 익숙해지는 단계'는 1단계 '수학 개념의 완벽한 이해 단계'와 3단계 '문제해결능력 신장 단계'을 연결해주는 역할을 하는데요. 문자와 기호의 사용에 익숙해지지 않으면 문제해결능력이 신장되지도 않을 뿐만 아니라, 고등학교 수학을 제대로 공부하기도 어렵습니다.

고등학교 수학에서 높은 수준의 학업성취도를 얻기 위해서는 중학교 3년 동안 '문자와 기호의 사용에 익숙해지는 연습'을 충분히 해야 합니다. 풀이 과정을 연습장이나 문제집의 여백에다

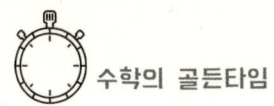 수학의 골든타임

낙서하듯이 적는 습관은 반드시 고쳐야 합니다. 이런 습관은 오직 문제의 답을 구하는 것에만 신경 쓰기 때문에 생긴 것으로, 문자와 기호의 사용과 논리적인 풀이 과정을 서술하는 능력을 길러주지 못합니다.

수학노트에 문자와 기호를 사용하여 수학 개념뿐만 아니라, 문제의 풀이 과정을 논리적으로 정리하는 습관을 들여야 합니다. 한 권, 두 권 정성들여 정리한 수학노트가 쌓이게 되면, 자신의 수학노트를 보는 것만으로도 수학 자존감을 높일 수 있습니다.

・・・

수학노트정리에 수학 공부의 길이 있다!!

수학 자존감을 높이기 위해서는 반드시 '추상적인 수학 개념의 완벽한 이해', '문자와 기호의 사용', '논리적인 풀이 과정의 서술'에 익숙해지는 과정을 거쳐야 합니다. 예외는 있을 수 없습니다. 수학에 익숙해지는 가장 효과적인 방법이 바로 수학노트에 정리하는 습관이고요. 이것이 제가 수학노트의 정리에 수학 공부의 길이 있다고 주장하는 이유입니다.

5부 수학 자존감을 높이는 공부 방법

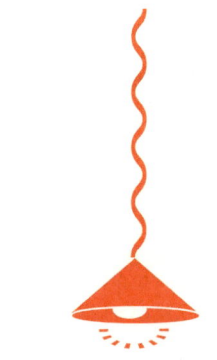

시험은 '스킬'이다!

평소의 수학 공부와 시험공부는 다르다고 했죠! 물론 평소에 수학 공부를 하지 않고서는 시험에서 높은 성적을 올릴 수는 없습니다. 예습으로 수학 자존감을 높이고, 수학노트 정리를 통해 풀이 과정을 논리적으로 서술하는 능력을 기르는 노력도 없이, 수학시험에서 높은 성적을 얻는 것은 불가능합니다. 그런데, 평소에 수학 공부를 열심히 해도 수학성적이 안 나온다고 말하는 아이들이 의외로 많습니다.

"수학 공부 열심히 했는데, 성적이 안 나와요!!"

"열심히 해도 소용없어요!!"

"난 수학하곤 안 맞는 것 같아요!!"

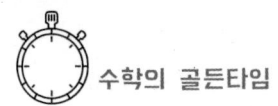 수학의 골든타임

　평소에 수학 공부를 열심히 하는 아이들 중에도 성적이 나오지 않아 스트레스를 받는 경우가 많은데요. 시험성적이 안 나오는 이유는 시험공부방법을 모르기 때문입니다. 학생뿐만 아니라 어른들도 수학시험의 긴장감을 느껴보지 않은 사람은 거의 없을 겁니다. 오히려 이런 긴장감은 상위권으로 갈수록 더 심해지는데요. 시험문제를 다 풀고서도 불안감을 느낍니다.
　"혹시 풀이 과정에 실수는 없었을까?"
　시험시간은 빠르게 흐르는 데 문제 풀이가 생각나지 않거나, 전에 풀었던 문제임에도 풀이 방법이 떠오르지 않을 때의 긴장감은 말로 표현하기도 어렵습니다.
　"이거 풀어봤던 건데~"
　손바닥에서 땀이 나고, 심장이 터질 듯이 요동쳤던 경험은 누구나 한 번쯤 해봤을 겁니다. 이렇듯이 시험에서는 시간에 쫓기고, 긴장감도 매우 높은 상태에서 문제를 풀어야 합니다. 평소에 느긋하게 문제를 푸는 것과는 전혀 다른 상황인 건데요. 따라서 시험공부는 시험상황에서 긴장감을 낮추고, 침착함을 유지할 수 있는 방향으로 준비를 해야 합니다. 시험성적을 올리는 시험공부의 핵심적인 3요소는 '반복 학습', '모의테스트', '오답노트 정리'가 있습니다.

첫째, 반복 학습!

시험에서 난이도가 높은 문제를 정확하게 풀기 위해서는 반복 학습이 필수입니다. 적어도 3회 이상의 반복 학습을 통해서 문제에 익숙해져야 하는데요. 이를 위해서는 평소 공부했던 문제집을 바꾸지 말고, 선생님이 수업시간에 나눠준 프린트와 함께 반복해서 풀어야 합니다.

둘째, 모의테스트!

수학시험에서 느끼는 긴장감을 줄이는 방법은 매우 간단합니다. 여러 번에 걸쳐서 모의테스트를 보면 되거든요. 시험상황을 경험하면 할수록 긴장감은 줄어들고요. 기출문제나 모의고사 문제집은 서점에서 쉽게 구할 수 있습니다.

시험시간과 문제 수 등 시험상황과 동일한 조건에서 5회 정도 모의테스트를 보면 긴장감을 많이 낮출 수 있습니다. 모의테스트에서 풀지 못하거나 틀린 문제는 오답노트에 풀이 과정을 별도로 정리해야 하고요.

셋째, 오답노트!

시험공부를 하면서 풀지 못했던 문제들은 따로 오답노트에 정리해야 합니다. 반복 학습이나 모의테스트에서 틀리거나 풀지 못한 문제의 풀이 과정을 오답노트에 적는 건데요. 시험에 임박해

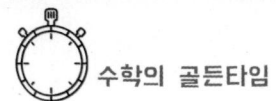

서는 오답노트에 있는 문제들만 다시 풀어 봐도 충분합니다. 평소에 오답노트를 잘 정리해 두면, 매우 짧은 시간에 효과적으로 시험공부를 할 수 있습니다. 시험에서 높은 성적을 얻기 위해서는, 자신이 잘 풀 수 있는 문제보다는 틀리거나 풀지 못하는 문제에 집중해야 하는데요. 평소에 오답노트만 잘 정리해 두어도 시험에서 고득점을 얻는 것은 그다지 어렵지 않습니다. 평소에 올바른 수학 공부를 하는 학생이라면, 시험 준비는 모의테스트와 오답노트만으로도 충분합니다.

6부

수학의
골든타임

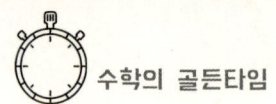

수학의 골든타임

수학을 포기한 학생 비율		
초등학교	중학교	고등학교
36.5%	46.2%	59.7%

초·중·고등학교에 다니는 학생들의 수포자의 비율은 우리나라 수학교육이 많이 왜곡되어 있음을 보여주는 단적인 증거입니다. 절반 이상의 학생들을 수포자로 만드는 학교교육을 정상이라고 생각하는 사람은 없을 거예요.

6부 수학의 골든타임

• • •

학습결손이 발생하는 모든 순간이
수학의 골든타임입니다!

수학을 배우는 동안에 경험하는 모든 학습결손은 아이를 수포자로 만들 수 있습니다. 수학 교육과정의 계열적 구조로 인해, 하나의 학습결손은 다른 학습결손의 원인이 되기 때문인데요. 분명한 점은 '수포자는 예방할 수 있다.'는 겁니다. 각 학년별로 학습결손을 유발하는 수학 개념이나 핵심적인 개념들이 무엇인지 파악하고, 이런 개념들의 이해 여부를 확인할 수만 있다면 학습결손을 예방할 수 있습니다. 혹시라도 학습결손을 발견했을 땐, 절대 방치하면 안 됩니다.

'모든 학습결손이 수포자를 만드는 수학의 골든타임이라는 것을 기억해야 합니다!'

어떤 학습결손이라도 그냥 넘어가면 관련된 수학 개념에서 학습결손이 누적되고, 결국에는 수포자가 되고 맙니다. 수포자를 예방하기 위해서는 각 학년별로 아이들이 어려워하는 수학 개념들을 확인하고, 학습결손이 발생하지 않도록 신경 써야 합니다. 여기서는 취학 전부터 고등학교 미적분까지, 아이들이 어려워하는 수학 개념을 찾고 그 의미를 설명해 드리겠습니다.

 수학의 골든타임

취학 전 – 학습지, 구구단

이 시기의 아이들은 다양한 학습지를 풀고, 구구단을 암송하면서 처음으로 '수$_{number}$'를 접하게 되는데요. 대부분 아이의 의사와는 무관하게 부모의 판단과 선택으로 수학 공부를 시작하게 됩니다.

엄마들이 카페에 앉아 나누는 대화 주제들 중에서도, 아이들의 수학 공부는 빼놓을 수 없는 메인$_{Main}$입니다.

"덧셈이나 뺄셈은 몇 자리까지 할 수 있어?"

"구구단은 몇 단까지 외울 수 있어?"

행여나 우리 아이가 다른 집 아이보다 뒤처지기라도 하면, 조급하고 불안한 마음에 학습지를 신청하고 구구단 암기를 시킵니다. 그런데 이게 잘하는 일인가요?

'비슷한 계산을 기계적으로 무한 반복시키거나, 의미도 모른 채 구구단을 암송하는 것이 수학 공부일까요?'

저는 취학 전 아이들에게 학습지를 시키거나 구구단을 외우게 하는 것은 수학 공부도 아닐뿐더러, 역효과가 더 크다고 생각합니다. 아이들 입장에서는 태어나서 처음 접하는 수학이 학습지와 구구단인 거잖아요. 그런데 의미도 모른 채 기계적으로 계산하거나, 구구단을 외우면서 수학에 대해 어떤 느낌을 받을까요?

• • •

수학은 의미 없고, 지겨워!

학습지와 구구단은 아이들에게 수학에 대해 왜곡된 첫인상을 만들어 줄 수 있습니다. 의미도 모른 채 기계적으로 계산하거나, 무조건적인 암기가 아이들이 느끼는 수학에 대한 이미지가 되는 건데요. 이때 만들어진 수학에 대한 왜곡된 이미지는 앞으로의 수학 공부에 부정적인 영향을 줄 수 있습니다.

취학 전 아이들이 처음 접하는 수는 '자연수$_{\text{Natural number}}$'입니다. 어른들에게는 자연수가 익숙하겠지만, 아이들에게는 이해하기 쉽지 않은 추상적 개념입니다. 따라서 아이들에게 추상적인 개념으로서의 수를 이해할 수 있는 기회와 경험을 충분히 제공해 주어야 하는 거예요.

 수학의 골든타임

자연수는 어떤 수일까요?

한 번 답변을 해보세요!
'자연수는 무엇입니까?'
학창시절에 수학을 잘했던 어른들도 이 질문에 답을 하기 어려울 겁니다. 당연합니다! 이런 질문을 받아보거나, 고민해본 경험이 없을 테니까요.
'수란 무엇인가?'
덧셈, 뺄셈, 곱셈, 나눗셈 등의 연산은 수가 무엇인지를 이해한 이후에 하는 것이 맞습니다. 추상적 개념인 자연수를 이해하는 것은 아이에게나 어른에게도 쉬운 일이 아닙니다.
예를 들어, 자연수 3은 무엇일까요?
제일 먼저 떠오르는 것은 '세 사람', '세 개' 등과 같이 사람이나 대상의 '개수'일 겁니다. 그런데 자연수 3이 물건의 개수만 의미할까요? 그렇지 않습니다. 자연수 3은 개수뿐만이 아니라, 무게, 길이, 넓이, 부피 등 완전히 다른 개념을 나타낼 수도 있습니다. 수는 하나인데, 의미는 여러 가지일 수 있는 거예요.
간혹 아이들에게 이런 질문을 던지곤 합니다.
'수가 먼저일까 아니면 대응(Correspondence)이 먼저일까?'
대답은 항상 같습니다.

"수가 먼저예요!"

초등학교에서 수를 먼저 배우고, 대응은 중학교에서 배우는 아이들 입장에서는 당연한 대답일 겁니다. 그리고 대응보다는 수가 좀 더 쉬워 보이기도 하고요. 고대 인류는 수가 만들어지기 훨씬 이전부터 대응개념을 사용했다고 설명하면, 아이들은 의외라는 반응을 보입니다. 하지만 설명을 듣고 나면 대부분 어렵지 않게 이해하고요.

수를 몰랐던 인류가 여러 마리의 '양$_{Sheep}$'을 키운다고 생각해 보세요. 자신의 양들이 잘 있는지 매일 확인해야 할 겁니다. 재산을 지켜야 살아남을 수 있으니까요.

'양의 마릿수가 정확한지 어떻게 확인할 수 있었을까요?'

이때 사용한 개념이 바로 '일대일 대응$_{One\text{-}to\text{-}One\ correspondence}$'입니다. 양 한 마리에 '나무토막 하나' 또는 '빗금 한 줄'씩 일대일로 대응을 시키는 거예요. 우리가 잘 알고 있는 로마숫자도 이런 빗금에서 태어난 겁니다. 그림에서 보듯이 고대 로마숫자는 1부터 4까지는 세로선의 개수로 표현하고, 5는 다르게 표현하는데요. 이것은 고대 로마인들이 오진법을 사용했기 때문입니다. 오진법은 고대 로마뿐만 아니라, 세계 여러 나라에서 사용했는데요. 사람의 손가락이 5개이다 보니, 자연스럽게 손가락셈을 기호로 표현했기 때문입니다.

수학의 골든타임

[고대 로마 숫자]

취학 전 아이들에게도 수 개념 보다는 대응개념을 이해하는 것이 훨씬 쉽고, 자연스럽게 느껴질 겁니다. 수를 모르는 아이에게 바둑돌 네 개를 보여주면서 "바둑돌이 몇 개야?"라고 물으면, 아이가 자신의 손가락 네 개를 펼쳐 보여주는 것도 대응개념이라고 볼 수 있습니다.

취학 전 아이들에게는 수의 연산보다는 수 개념을 이해시키는 것이 중요합니다. 아이들이 태어날 때부터 가지고 있는 대응개념을 이용해서, 수의 의미와 필요성을 느낄 수 있도록 다양한 경험을 제공해 주어야 합니다. 물론 이 과정에서 자연스럽게 연산 개념도 이해할 수 있고요.

• • •

구구단을 외워야 할까요?

취학 전 자녀를 둔 부모라면 누구나 고민하는 내용입니다. 다른 집 아이가 구구단을 외운다는 소리를 들으면 "우리 아이만 뒤처지는 건 아닐까?" 하는 두려움을 느끼기도 하고요.

결론부터 말씀드릴게요!

'취학 전 아이에게 구구단 암송을 시키는 건 교육적인 효과도 없을 뿐만 아니라, 수학은 의미도 없고 지겹기만 한 것이라는 선입관을 심어줄 뿐입니다!'

이에 대한 자세한 이유는 "초2" 부분에서 자세하게 설명해 드릴 건데요. 일단 교육적인 효과는 전혀 없습니다. 오히려 의미도 모른 채 억지로 암기하는 과정에서 심한 스트레스와 수학에 대한 부정적인 인식만 키워줍니다. 더욱이 다른 아이와의 비교의식이 생기고, 이로 인해 수학 자존감에 상처를 받을 수 있는데요. 수학을 제대로 공부하기도 전에 수포자가 될 수도 있음을 기억해야 합니다.

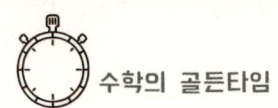

초1 - 길이, 넓이, 무게, 양

아이가 8살이 되어 초등학교에 입학한다는 것은 아이뿐만 아니라, 부모에게도 벅차고 감격스러운 일입니다. 하지만 기쁨만 있는 것은 아니죠. 저도 두 딸을 키우고 있는데요. 아이가 잘 성장하여 초등학교에 입학한다는 것에 감사하고 고마운 마음이 들면서도, 한편으로는 '아이가 학교생활에 잘 적응할 수 있을까?' 하는 걱정이 앞섰던 기억이 납니다.

초등학교 1학년 아이들에게 '하나의 숫자'는 '하나의 의미'로 이해됩니다. 그런데 갑자기 이런 상식과 믿음이 깨지는 순간이 옵니다. 숫자가 '개수' 이외에 다른 의미를 가지고 있는 거예요.

6부 수학의 골든타임

$$1\,cm,\ 1\,cm^2,\ 1\,g,\ 1\,개$$

하나의 숫자 1이 때로는 '길이', 때로는 '넓이', 때로는 '무게', 그리고 때에 따라서는 '양'을 나타내는 건데요. 아이는 큰 혼란을 겪게 됩니다. 숫자는 변하지 않는데 경우에 따라서 그 의미가 다 달라지는 거잖아요. 아이들이 겪는 혼란을 자판기에 비유해서 설명해 볼게요!

자판기가 있습니다.

평소에 내가 원하는 음료수를 선택해서 마셨던 기계예요. 그런데 어느 날부터 이 자판기가 이상해졌습니다. 나는 변함없이 '콜라' 버튼을 눌렀는데, 어느 날은 '커피', 어느 날은 '오렌지주스', 어느 날은 '요구르트'가 나오는 거예요. 아이 입장에서는 매우 당황스러운 일이겠죠!

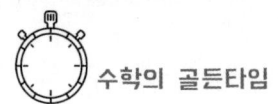 수학의 골든타임

　이와 비슷한 의미로 초등학교 1학년 아이에게 하나의 숫자가 경우에 따라서 길이, 넓이, 무게, 양을 나타낸다는 것을 이해하는 것은 어려운 일입니다. 하나의 콜라 버튼만 이용해서, 내가 원하는 음료수를 선택할 수 있는 규칙을 발견하는 것과 비슷하다고나 할까요?!

　'수학의 골든타임'은 학교 교육과정에 따라 수학을 공부하면서 아이들이 겪게 되는 개념이해의 실패, 즉 '학습결손이 발생하는 순간'을 의미합니다.
　저는 초등학교에 입학한 아이가 직면하는 첫 번째 골든타임으로 '길이, 넓이, 무게, 양'을 꼽았습니다. 수는 현실 세계에 존재하는 대상 그 자체를 의미하지 않습니다. 그 대상이 가지고 있는 '속성'을 나타낼 뿐인데요. 이런 의미에서 모든 수는 추상적인 개념이라고 할 수 있습니다. 8살짜리 아이가 추상적인 개념인 수를 이해하는 것은 결코 쉬운 일이 아닙니다.

6부 수학의 골든타임

초1 – 두 자리 숫자의 뺄셈

연계단원

초1 2학기 – 세 수의 덧셈과 뺄셈, 더하는 순서를 바꾸어 계산하기(교환법칙)
초2 1학기 – 받아 올림(두 자리 수의 덧셈), 받아 내림(두 자리 수의 뺄셈), 덧셈과 뺄셈의 관계, 세 수의 계산(두 자릿수)
초3 1학기 – 세 자리 수의 덧셈(받아 올림)과 뺄셈(받아 내림)

수학의 골든타임

아이들은 초등학교 1학년 2학기에 '두 자리 숫자의 덧셈과 뺄셈'을 배웁니다. 덧셈에서는 '받아 올림', 뺄셈에서는 '받아 내림'을 배우는데요. 그중에서도 받아 올림보다는 받아 내림의 개념을 이해하기가 더 어렵습니다. 받아 내림은 '뺄셈에서 같은 자리의 수끼리 뺄 수 없을 때, 바로 윗자리에서 10을 빌려서 계산하는 방법'을 말합니다.

한 자리 숫자의 덧셈과 뺄셈을 잘하는 아이에게도, 두 자리 숫자들의 덧셈과 뺄셈은 여간 어려운 것이 아닙니다. 특히 두 자리 숫자들의 뺄셈은 많은 아이들에게 학습결손을 야기하고, 수학을 싫어하게 만드는 원흉?입니다.

아이에게 직접 수학을 가르치는 부모님이라면, 대부분이 아이에게 두 자리 숫자들의 뺄셈을 가르치다가 큰 소리로 아이를 혼내거나, 혈압이 올라 뒷목을 잡았던 경험들이 있을 겁니다.

• • •

어떻게 뺄셈을 못하니?

몇 번을 설명해 줘도 아이들은 받아 내림을 이해하지 못하고 자꾸 틀리는데요. 아이를 혼내는 부모님의 마음도 이해는 되지만, 아이 입장에서는 자신이 혼나야 하는 이유를 알지 못할 겁니다.

이해가 안 되는 것이 아이 잘못은 아니잖아요. 엄밀히 말하자면, 아이가 이해할 수 있도록 설명하지 못한 것은 부모님인 거예요. 화를 낼 것이 아니라 반성해야 하는 거죠.

"미안! 내 설명이 부족했구나!"

• • •

받아 내림은 매우 어려운 개념입니다!

받아 올림도 마찬가지이지만, 특히 받아 내림은 이해하기 어려운 개념이에요. 받아 올림이나 받아 내림을 이해하기 위해서는 먼저 '자릿수 개념'을 정확하게 이해하고 있어야 합니다.

예를 들어, 두 자리 자연수 52를 생각해 보죠!

고학년이나 어른들에게는 두 자리 자연수가 익숙하겠지만, 초등학교 1학년에게는 어려워 보이는 수입니다. 앞에 있는 5는 십의 자릿수, 뒤에 있는 2는 일의 자릿수라는 설명을 해도, 앞에 있는 5가 사실은 5가 아니라 50이라는 걸 이해하기 어렵습니다. 아이들이 느끼는 자릿수 개념의 어려움을, 예를 들어 설명해 볼게요!

'숫자 4는 로마숫자로 어떻게 쓰는지 아는지요?'

만약에 로마숫자를 처음 보는 아이에게 1, 2, 3을 로마숫자로 쓰는 방법을 알려준 후에, 로마숫자로 4를 어떻게 쓰는지 물어본다고 생각해 보세요.

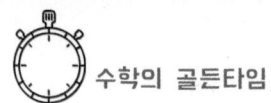

1	2	3	4	5	6
Ⅰ	Ⅱ	Ⅲ			

Ⅰ, Ⅱ, Ⅲ은 일정한 규칙이 있잖아요. 이 규칙에 의하면 숫자 4는 세로선을 4개 그어야 맞습니다. 실제 고대 로마숫자는 이렇게 썼고요.

ⅠⅠⅠⅠ

그런데 생뚱맞게도 'Ⅳ'라고 써야 합니다. 이 표현은 "5에서 1이 부족한 수"를 의미하는 건데요. 로마숫자를 처음 보는 아이는 4를 굳이 5에서 1이 부족한 수라고 써야 하는지 이해하기 어려울 거예요. 로마숫자가 오진법에 기초하고 있다는 점을 모르니까요.

로마숫자의 표현과 비슷하게, 큰 수의 표현에서 '자릿수' 개념은 낯설고 어렵습니다. 아이가 '받아 내림'을 이해하기 위해서는 전 단계에서 큰 수의 자릿수 표현에 대한 이해가 선행되어야 합니다. 다시 두 자리 자연수의 뺄셈을 생각해 보죠.

52에서 39를 뺄 때, 아이가 $52=50+2$, $39=30+9$ 임을 이해했는지 먼저 확인하고, 받아 내림을 하는 방법을 설명해야 합니다.

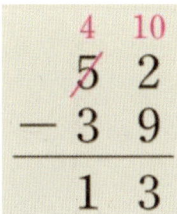

- 받아 내림을 하면 바로 윗자리의 수는 1 작아진다.
- (일의 자리 계산) 2에서 9를 빼지 못하므로, 십의 자리에서 10을 받아 내림하여 12에서 9를 뺀다.
- (십의 자리 계산) 50에서 10을 받아 내림하여 5는 1이 작은 수 4가 되므로, 4에서 3을 뺀다.

한 번의 설명으로 받아 내림을 이해하는 아이는 거의 없습니다. 아이에게 받아 내림이 익숙해질 기회와 경험을 충분히 제공해야 하는데요. 비슷한 계산을 여러 번에 걸쳐 반복하면서 받아 내림에 익숙해지도록 도와줘야 합니다.

초등학교 1학년에서 배우는 두 자리 자연수의 덧셈과 뺄셈은, 다음 학년에서 배우는 '세 자리 자연수의 덧셈과 뺄셈'과 연계되어 있습니다. 따라서 받아 올림과 받아 내림에서 학습결손이 발생하지 않도록 특별히 유의해야 합니다.

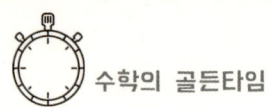

초2 - 구구단

연계단원

초2 1학기 - 몇 배, 곱셈식(곱셈기호 ×)
초3 1학기 - 두 자리 수의 곱셈(올림이 없는 곱셈, 올림이 있는 곱셈)
초4 2학기 - 세 자리 수의 곱셈(올림이 있는 곱셈), 곱셈의 활용

초등학교 2학년이 되면 1학기에 '배수'와 '곱셈'을 배웁니다. 이 때 곱셈기호 '×'도 사용하고요. 대부분의 아이들은 본인의 의사와

6부 수학의 골든타임

상관없이, 초등학교를 입학하기도 전에 곱셈기호 '×'를 보게 됩니다. 아마도 아이를 키우는 집이라면 예외 없이 아이 방이나 거실에 '구구단표'를 붙여놨을 거예요.

앞에서도 잠깐 언급했지만, 겨우 한자리 자연수 정도에 익숙한 취학 전 아이들에게 구구단을 외우게 하는 것은 아무런 교육적 효과도 없을 뿐만 아니라, 오히려 수 또는 수학에 대한 부정적인 인식을 심어줄 수 있는데요. 유치원에 다니는 아이들에게 구구단을 외우게 하는 것은, 단지 부모의 욕심이거나 조급함에 기인한 것입니다. 구구단은 초등학교 2학년 때, 배수 또는 곱셈의 의미를 이해한 후에 외우는 것이 좋습니다.

초등학교 2학년 1학기 수학시간에는 어김없이 '구구단송'이 교

수학의 골든타임

실에 울려 퍼집니다. 제가 어릴 적에는 선생님이 선창하면, 아이들이 합창하면서 따라 불렀는데요. 요즘에는 유튜브에서 다양한 버전의 구구단송을 찾을 수 있더군요. 박자뿐만 아니라 재밌는 율동도 있어서, 나도 모르게 따라 부를 정도로 중독성이 있습니다.

[유튜브 '아이스크림홈런'의 구구단송]

구구단송은 아이들에게도 큰 거부감이 없고, 노래와 율동을 따라 하며 놀이하듯이 공부할 수 있게 도와줍니다. 보통 여러 시간에 걸쳐서 구구단송을 부르면서 아이들에게 암송시키는데요. 이때가 수학의 골든타임입니다!

• • •

넌 몇 단까지 외웠어?

아이들마다 구구단을 암송하는 능력의 차이가 발생하는데요. 아이들 사이에 구구단을 모두 외운 아이와 외우지 못한 아이라는 비교의식이 생기게 됩니다. 비교의식은 아이의 수학 자존감에 상처를 남기고요.

초등학교 2학년 중에는 의외로 많은 아이들이 구구단을 외우지 못하거나, 외웠다고 해도 종이에 쓰지 못합니다. 이로 인해 "나는 수학을 못하는 아이!"라거나 "수학은 어려워!"라는 부정적인 인식을 가지게 되는 거예요.

'그런데, 구구단송이 수학입니까?'

그냥 숫자로 만든 노래 아닌가요? 우리는 습관적으로 아이들에게 구구단을 외우게 하잖아요. 또 외우는 것이 당연하다고 생각하고요. 하지만 이제는 이런 의문을 가져야 합니다.

• • •

구구단을 꼭 외워야 할까?

구구단을 암기하는 것이 수학 공부인가요? 만약에 곱셈과 곱셈기호의 의미를 이해하고 있다면, 그것은 수학 공부가 맞습니다. 하지만 곱셈기호의 의미도 모르면서 구구단을 외우는 것은, 그냥 의미를 알 수 없는 노래를 외우는 것과 같잖아요. 어떤 아이가 구구단을 잘 외운다면, 그 아이는 암기력이 좋은 아이인 겁니다. 물론 암기력도 매우 유용한 능력임에는 틀림없습니다. 암기력의 가치를 무시하면 안 되겠지요. 하지만 구구단을 암기하는 것이, 암기력을 기르기 위해서는 아니잖아요.

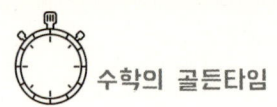

'구구단은 암기할 필요가 없습니다!'

따라서 구구단을 외우지 못했다고 해서 "나는 수학을 못한다."고 생각할 필요가 없는 거예요.

• • •

어떤 아이가 수학을 잘하는 걸까요?
1번. 구구단을 외우는 아이!
2번. 2×3이 6이 되는 이유를 설명할 수 있는 아이!

당연히 '2번' 아이가 수학을 잘하는 거 아닌가요?

2×3이 '2개씩 3묶음' 또는 '3개씩 2묶음'이라고 설명할 수 있는 아이라면, 구구단을 외우지 못해도 뛰어난 수학적 능력이 있는 아이입니다.

더욱이 6개의 점들을 '직사각형 모양'으로 배열하면서 의미를 설명할 수 있다면, 곱셈의 의미를 완벽하게 이해한 아이라고 말할 수 있고요.

구구단을 외우는 것은 수학과는 크게 관련이 없습니다. 구구단을 외우면 곱셈계산을 좀 더 빨리할 수 있는 건 맞는데요. 그렇다고 계산기보다 빠르고 정확할 수는 없잖아요.

인공지능 AI가 일반화된 사회에서 생활하게 될 아이들에게 구구단을 암기하도록 강요하는 것이 옳은가요? 수학교육을 통해 아이들에게 길러줘야 하는 능력은 계산능력이 아니라, 연산 개념의 이해능력이어야 합니다. 그럼에도 불구하고 학교와 가정에서는 지금도 아이들에게 구구단을 외우도록 강요하고 있습니다. 구구단을 외우지 못하는 초등학교 2학년 아이들은, 수학과는 관련 없는 암기력에 의해 수학 자존감에 상처를 받게 되고요.

'구구단 암기는 필수가 아닌 선택입니다!'

외우지 않아도 됩니다. 단지, 곱셈계산을 하는데 불편함을 느낄 때가 있을 거예요. 구구단 암기가 필요하다고 느낄 때 외우면 됩니다.

• • •

구구단을 외우는 것은 수학 공부가 아닙니다!

구구단을 외우는 것보다 '곱셈의 의미'를 이해하는 것이 몇 배는 더 중요하고, 그것이 바로 아이들의 수학 자존감을 높이는 수학 공부입니다.

최근에는 아이들에게 '19×19단'을 외우게 하는 학원이 많아졌다는 이야기를 들었습니다. 유튜브에서 19단을 검색해보니, 셀

수 없이 많은 동영상이 올라와 있더군요. 아이들에게 19단을 외우게 하는 학원, 선생님, 학부모님께 한마디 하고 싶습니다.

'제정신입니까?'

'아이들을 계산기로 만들겠다는 건가요?'

아이들을 교육하는 사람이라면, 19단 이야기는 절대 꺼내면 안 되는 겁니다. 수학도 아니고, 교육도 아닙니다. 다시 한번 더 강조하지만, 아이들은 인공지능이 일반화된 사회에서 살아야 합니다. 인공지능이 복잡한 계산뿐만 아니라, 필요한 지식과 정보를 제공해 주는 사회인 거죠. 아이들에게 필요한 능력은 수많은 정보들 중에서 가치 있는 것을 알아보고, 또 선택하는 능력입니다. 단순한 암기능력이나 계산능력이 아니고요.

6부 수학의 골든타임

초3 - 분수

연계단원

초2 2학기 - 분수로 나타내기, 분수만큼은 얼마인지 알기, 여러 가지 분수(진분수, 가분수, 자연수, 대분수), 분모가 같은 분수의 크기 비교(대분수)

초4 2학기 - 분수의 덧셈과 뺄셈(진분수, 대분수, 자연수와 분수, 진분수 부분끼리 뺄 수 없는 대분수)

초5 1학기 - 분수의 덧셈과 뺄셈(통분, 진분수, 대분수, 받아올림, 받아 내림)

초6 1학기 - (자연수)÷(자연수)의 몫을 분수로 나타내기, (분수)÷(자연수)를 분수의 곱셈으로 나타내기, (대분수)÷(자연수)

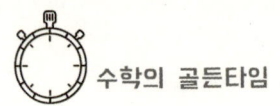
수학의 골든타임

> 초6 1학기 - (소수)÷(자연수), (자연수)÷(자연수)(방법1:분수의 나눗셈 / 방법2:자연수의 나눗셈 / 방법3:세로로 계산하기)
> 중1 1학기 - 정수와 유리수(덧셈, 뺄셈, 곱셈, 나눗셈)

• • •

초등학교 3학년은
수포자를 양산하는 수학의 골든타임입니다.

초등학교 3학년이 되면 갑자기 어려운 내용들이 연이어 등장합니다. 실제 수포자들을 대상으로 실시한 연구에서 '수학을 포기한 시기'로 가장 많이 지목된 학년이 바로 '초등학교 3학년'이고요. 가장 어려웠던 수학 개념으로는 '분수(Fraction)'를 꼽았습니다.

분수는 초등학교 3학년 때 개념을 완벽하게 이해하지 않으면, 초등학교 4학년 1학기에 배우는 '분수의 덧셈과 뺄셈'을 이해할 수가 없습니다. 학습결손을 누적시킬 가능성이 매우 큰 수학 개념인 거죠. 계열적 구조로 연결되어 있는 수학 교육과정의 특징으로 볼 때, 이후 '유리수'와 관련된 수학 개념에서도 학습결손이 계속 발생할 가능성이 매우 높습니다.

초등학교 3학년 1학기에는 '분수의 개념', '분모가 같은 분수의 크기 비교', '단위분수의 크기 비교'를 배우고, 2학기에는 '분수로 나타내기', '여러 가지 분수(진분수, 가분수, 대분수)', '분모가 같은 대분수의 크기 비교'를 배우는데요. 분수에 관한 여러 가지 수학 개념이나 연산을 이해하기 위해서는, 무엇보다 분수의 개념을 정확하게 이해할 필요가 있습니다.

• • •

분수는 수Natural number가 아닙니다!

자연수Natural number만을 알고 있는 아이들에게 분수는 수가 아닙니다. 당연하죠! 자연수는 눈으로 보면서 하나하나 '셀 수 있는 수Countable Number'입니다. 하지만 분수 $\frac{1}{2}$은 셀 수가 없는 수잖아요. 따라서 자연수가 아닙니다.

초등학교 고학년이나 어른들에게는 분수가 익숙한 수이지만, 초등학교 3학년 학생들은 자신이 알고 있는 자연수로는 이해할 수 없는, 매우 낯선 수라고 할 수 있습니다.

'분수를 처음 접하는 아이들은 어떤 느낌을 받을까요?'

• • •

갓 부화한 병아리가 처음 보는 껍질 밖의 세상?!

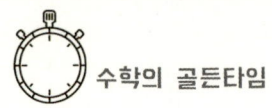

달걀 속에서만 살던 병아리가 껍질을 깨고 바깥세상으로 나오면, 모든 것이 낯설고 어색하게 느껴질 겁니다. 바깥세상이 낯설고 어색하다고 해서 다시 달걀 속으로 들어갈 수도 없고요.

달걀 속 세상이 자연수라면, 바깥세상은 분수(유리수)라고 할 수 있는데요. 그만큼 아이들에게 분수는 낯설고 어려운 수입니다. 자연수 1과 2 사이에 지금까지 몰랐던 $\frac{1}{2}$이라는 수가 있는 거예요. 그런데 자연수처럼 셀 수도 없고요.

• • •

분수는 왜 필요할까?

이 단원에서는 '분수가 필요한 이유' 또는 '자연수에서 유리수로 수를 확장하는 이유와 필요성'을 이해하는 것이 무엇보다 중요합니다. 자연수는 길이, 넓이, 무게, 양을 표현하는 추상적인 개념이라고 했잖아요. 만약 자연수만으로 이 모든 것들을 표현할

6부 수학의 골든타임

수 있다면, 자연수 이외의 새로운 수는 필요하지 않았을 겁니다.

• • •

자연수로는 표현할 수 없는 경우가 있습니다.

예를 들어, 피자 한 판을 배달시켰다고 생각해 보죠!
처음에는 혼자서 한판을 모두 먹으려고 했는데, 갑자기 3명의 친구가 놀러온 거예요. 참 눈치도 없는 친구들이죠!^^
"똑같이 나눠 먹자!"
좀 아깝지만, 먹을 복은 타고난 친구들과 나눠 먹기 위해 피자를 사등분했습니다.

 수학의 골든타임

• • •

사등분한 피자 조각은
몇 조각이라고 불러야 할까?

'한 조각이 맞을까요?'

한 조각이라고 부르기에는 뭔가 좀 찜찜한 느낌이 들죠! 원래는 한 조각이었던 것을 넷으로 나눈 거잖아요. 여기에 수학적으로 매우 중요한 '관점의 전환'이 숨어 있습니다. 처음 배달된 피자는 '개수'의 개념으로 한 개가 맞습니다. 하지만 사등분한 피자를 처음과 같은 '개수' 개념으로 보기에는 크기가 달라진 걸 알잖아요. 따라서 개수가 아닌 '비율$_{Ratio}$'의 개념으로 관점의 전환이 필요한 거예요.

• • •

'개수'에서 '비율'로 관점의 전환!

아이들은 초등학교 1학년 수학시간에 '자연수는 상황에 따라서 '길이', '넓이', '무게', '양'으로 구분하여 나타낼 수 있음을 배웠는데요. 자연수는 셀 수 있는 대상만 다룰 수 있습니다. 반면 '전체에 대한 부분의 비'를 의미하는 '비율'은 자연수와는 다른 특징을 가지고 있습니다. 분수는 이런 비율로 만들어진 수인데요.

비율은 특정한 대상이 아닌 '상대적인 비교'를 표현할 때 사용합니다. 처음 분수를 배우는 아이들이 매우 혼란스럽고 어렵게 느끼는 이유가 여기에 있고요. 분수의 연산에 앞서 분수개념의 이해가 중요합니다!

초등학교 3학년 수학시간에는 분수의 개념을 완벽하게 이해하는 것에 공부 목표를 두어야 합니다. 분수의 연산은 그 이후에 해도 충분하고요. 분수의 개념과 필요성을 반복해서 설명할 필요가 있습니다.

다시 피자 문제를 생각해 보죠!
'사등분한 피자 조각을 몇 조각이라고 불러야 할까요?'
관점에 따라서 두 가지 답이 가능합니다. 개수개념으로는 한 조각이 맞고요. 비율개념(넓이, 양)으로는 '전체의 사분의 일', 즉 $\frac{1}{4}$이라고 답을 하면 됩니다.

초등학교 3학년 아이에게는, 상황에 따라서 하나의 대상을 길이, 넓이, 무게, 양 등 다양한 측정개념으로 표하는 것도 익숙하지 않습니다. 더욱이 분수는 자연수와는 달리 상대적인 비율을 의미하잖아요. 비율은 전체에 대한 부분의 비라고 했죠. 비율개념을 이해했다고 하더라도, '전체'를 '분모'로, '부분'은 '분자'로 쓰는 분수표현, 즉 비율을 하나의 수로 표현하는 것도 이해하기 어렵습니다.

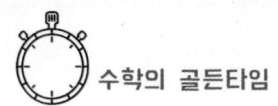
수학의 골든타임

$$\frac{부분}{전체}$$

아이들은 '자연수', '정수', '유리수'의 순서로 수를 배우는데요. 좀 특이한 점은 고대 인류가 정수보다 유리수를 먼저 사용했다는 겁니다. 수학사를 살펴보면, 분수를 포함하여 유리수의 역사는 정수에 비해 적어도 4000년 이상 앞섭니다. 기원전 3000년경의 고대 바빌로니아에서는 분자가 1인 단위분수를 사용한 기록이 있고요.

또한, 고대 그리스의 수학자인 피타고라스는 유리수를 '완벽한 수Perfect number'라고 생각했는데요. 피타고라스가 생각했던 완벽한 수는 "모든 길이를 표현할 수 있는 수"를 의미합니다. 이에 비해서 '음의 정수'를 본격적으로 사용하기 시작한 것은 1650년대 이후입니다. 이와 같이 분수의 역사는 인류문명의 역사와 함께했다고 해도 과언이 아닙니다.

6부 수학의 골든타임

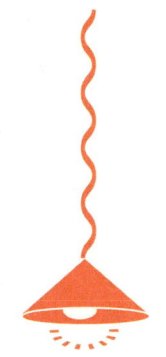

초3 - 두 자리 수의 나눗셈

연계단원

초4 1학기 - 세 자리 수의 곱셈과 나눗셈
초5 1학기 - 약수와 배수, 공약수와 최대공약수
초6 1학기 - (자연수)÷(자연수)의 몫을 분수로 나타내기, (분수)÷(자연수)를 분수의 곱셈으로 나타내기, (대분수)÷(자연수)
초6 1학기 - (소수)÷(자연수), (자연수)÷(자연수)(방법1:분수의 나눗셈 / 방법2:자연수의 나눗셈 / 방법3:세로로 계산하기)
중1 1학기 - 정수와 유리수(덧셈, 뺄셈, 곱셈, 나눗셈)

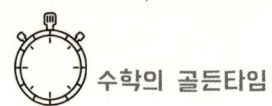
수학의 골든타임

초등학교 3학년에서 배우는 수학 개념들은 하나같이 어렵습니다. 따라서 각 단원을 배우는 모든 시간이 수포자를 양산하는 수학의 골든타임이라고 해도 무방할 거예요. 분수 이외에 학습결손을 유발하는 수학 개념을 딱 하나만 더 고르라면, 저는 망설이지 않고 '두 자리 수의 나눗셈'을 선택할 겁니다. 제가 정윤이와 함께 아빠표 수학을 시작하게 된 것도, 초등학교 3학년 때 배우는 '분수'와 '두 자리 수의 나눗셈'에서 발생한 학습결손 때문이었습니다.

"난 수학 못해!"

정윤이의 말을 들었을 때의 충격은 지금도 생생하게 기억하고 있는데요. 사실 정윤이가 아니었더라면 '학습결손의 위험성'을 인지하지도 못했을 겁니다.

'초등학교 때는 친구들하고 재밌게 놀기만 하면 돼!!'

제가 정윤이에게 늘 하던 말이었는데요. 옳은 말입니다. 친구들하고 재밌게 잘 노는 것이 중요하죠! 하지만 아이의 자존감에 상처를 받고 있다면 이야기가 달라집니다. 당시에 정윤이는 수학 자존감에 큰 상처를 받고 있었는데요. 무심한 아빠가 그걸 일찍 발견하지 못한 겁니다.

• • •

어떤 학습결손도 그냥 넘어가면 안 됩니다!

6부 수학의 골든타임

3학년 1학기에는 '나눗셈의 정의', '곱셈과 나눗셈의 관계', '나눗셈의 몫을 곱셈식에서 구하기', '나눗셈의 몫을 곱셈구구로 구하기' 등을 배웁니다.

예를 들어, 곱셈식 $5 \times 6 = 30$을 이용하여 두 개의 나눗셈식 $30 \div 5 = 6$, $30 \div 6 = 5$를 만들고, 곱셈과 나눗셈 사이의 관계를 이해하는 겁니다.

나눗셈을 곱셈의 '역관계$_{Inverse\ Relation}$'로 설명하는 것은 아이들이 나눗셈을 이해하는데 많은 도움이 됩니다. 하지만 2학기에 배우는 '큰 수의 나눗셈'에서는 이런 역관계도 그리 도움이 되지 않습니다.

$$5 \overline{)374} \quad \rightarrow \quad 5 \overline{)\begin{array}{r} 7 \\ 374 \\ 35 \\ \hline 2 \end{array}} \quad \rightarrow \quad 5 \overline{)\begin{array}{r} 74 \\ 374 \\ 35 \\ \hline 24 \\ 20 \\ \hline 4 \end{array}}$$

↳5로 나눌 수 없습니다.

3)

이때는 '몫의 자릿수'와 '내림'을 이해하는 것이 핵심인데요. 개념보다는 계산방법에 익숙해지는 것을 목표로 공부를 해야 합니다. 따라서 비슷한 유형의 문제를 반복하여 풀어보고, 아이가 매번 틀리는 문제유형을 찾아내어 다시 푸는 방법으로 공부를

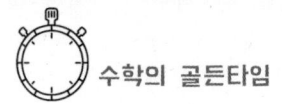

하면 됩니다.

　큰 수의 나눗셈은 정윤이가 많이 어려워하는 계산이었습니다. 계산방법에 익숙해지기 위해서 비슷한 유형을 반복해서 풀었는데요. 차츰 실수가 줄어들고, 계산에 자신감을 가졌습니다. 그런데도 매번 틀리거나 자신 없어 하는 문제유형이 하나 있었는데요. 바로 몫의 중간에 '0'이 들어가는 나눗셈이었습니다.

$$\begin{array}{r} 1 \\ 3\overline{)305} \\ \underline{3} \\ 0 \end{array}$$

　보통 위의 단계에서 더 나아가지 못하고 멈추거나, 계산이 틀리는 일이 반복됐는데요. 나눗셈에서 '몫의 자릿수'를 정확하게 표시하는 것은 쉽지 않은 일입니다.

　'정말 어려운 문제야!'

　아이에게 이런 문제는 매우 어렵고, 헷갈리는 문제라고 이야기해주면서 시행착오를 줄여나갔던 기억이 납니다. 실제 이런 유형의 나눗셈은 누구나 틀리기 쉬운 문제인데요. 아이들이 문제를 풀다가 틀리거나, 문제를 풀지 못한다고 해서 절대 혼내거나 윽박지르면 안 됩니다. 오히려 설명을 잘못한 부모의 책임이라고 이야기해 줘야 합니다.

"내 설명이 좀 부족했나 보네!"

계산을 못하거나 틀리면 아이들은 점점 주눅이 들고 자신감을 잃어 가잖아요. 그런데 혼나기까지 하면, 아이의 수학 자존감에 상처를 남길 수도 있습니다. 수학 공부의 목적이 아이의 수학 자존감을 높이는 것임을 기억하면서, 아이를 격려하고 포기하지 않도록 도와주어야 합니다.

• • •

때론 익숙함이 이해보다 효과적입니다!

나눗셈을 공부하거나 가르칠 때, 각각의 숫자들이 가지는 의미를 하나하나 설명하는 것보다는, 비슷한 유형을 여러 번 풀면서 '계산방법'에 익숙해지는 것이 더 효과적일 때가 있습니다. 특히 큰 수의 나눗셈처럼 단순한 계산방법을 익힐 때는, 비슷한 유형을 반복하여 풀면서 계산방법에 익숙해지는 것이 효과적입니다.

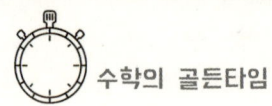

초4 - 분수의 덧셈과 뺄셈

연계단원

초5 1학기 - 분수의 덧셈과 뺄셈(통분, 진분수, 대분수, 받아 올림, 받아 내림)

초등학교에서 수포자가 가장 많이 발생하는 시기와 원인에 관한 연구가 있었다고 했죠. '수학을 포기한 시점'과 '어려웠던 수학 개념'을 묻는 질문에 가장 많은 학생들이 '초등학교 3학년'과 '분수'를 꼽았고요.

6부 수학의 골든타임

 분수는 초등학교 3학년 때 처음 개념을 배우기 시작하여, 초등학교 4, 5, 6학년의 각 학기마다 수업에서 다룹니다. 따라서 초등학교 3학년 분수에서 학습결손이 발생하면, 4, 5, 6학년에서도 학습결손이 누적되고, 이로 인해 수포자가 될 가능성이 높습니다.
 '분수의 덧셈과 뺄셈'은 초등학교 4학년 2학기에 '진분수, 대분수, 자연수와 분수, 진분수 부분끼리 뺄 수 없는 대분수'를 배우고, 5학년 1학기에는 '통분, 진분수, 대분수, 받아 올림, 받아 내림'을 배웁니다. 따라서 4학년 2학기의 분수의 덧셈과 뺄셈에서 학습결손이 발생하면 5학년 1학기에는 그 결손이 누적될 가능성이 높은 단원입니다.

• • •

분수의 덧셈과 뺄셈은
수포자를 양산하는 수학의 골든타임입니다!

 초등학교 4학년 2학기에는 진분수, 가분수, 대분수의 개념을 이해하고 각각 분수의 덧셈과 뺄셈을 배우는데요. 이 시기의 분수의 덧셈과 뺄셈은 '분모가 같은 분수'만 다룹니다.
 분모가 같은 두 분수의 덧셈과 뺄셈의 경우에 아이들은 "분모는 그대로 쓰고, 분자끼리만 더하거나 뺀다."는 식의 계산방법을 사용하는데요. 대부분의 아이들은 별다른 어려움을 겪지 않고 계산할 수 있습니다.

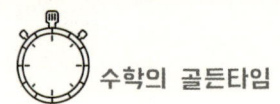 수학의 골든타임

$$\frac{4}{6} - \frac{2}{6} = \frac{4-2}{6} = \frac{2}{6}$$

분자끼리 뺍니다.
분모는 그대로 씁니다.

분자가 분모보다 작은 '진분수'와는 달리, 분자가 분모보다 큰 '가분수', 그리고 앞에 자연수와 함께 쓰는 '대분수'의 덧셈과 뺄셈은 이해하기 쉽지 않습니다. 물론 단순히 덧셈과 뺄셈을 할 때는 진분수, 가분수, 대분수에 관계없이 분모는 그그대로 쓰고, 분자는 더하거나 빼는 방식으로 어렵지 않게 계산할 수는 있을 겁니다.

가분수는 불가능한 수다?!

고대 인류가 처음 분수를 사용하게 된 이유가 전체에 대한 부분의 '비Ratio'를 표현하기 위함이라고 설명했죠! 이 비를 분수로 표현할 때, 전체는 '분모'가 되고 부분은 '분자'가 되고요.

그런데, 우리가 잘 알고 있듯이 전체는 부분보다 크거나 같잖아요. 즉 '(부분) ≦ (전체)'이기 때문에 분수는 항상 1보다 작거나 같게 됩니다.

$$\frac{부분}{전체} \leq \frac{전체}{전체} = 1$$

따라서 1보다 작은 진분수는 전체에 대한 부분이라는 비의 개념을 만족하는 분수입니다. 반면에 가분수는 '1보다 큰 자연수가 아닌 수'라는 개념으로 이해를 해야 합니다.

학생들은 수직선 위에 수의 위치를 표현하는 것을 배웠습니다. 수직선은 수많은 점들로 이뤄져 있죠! 그 점들은 자연수도 있고, 자연수가 아닌 수들도 있습니다. 그리고 각각의 수들은 '원점 O로부터의 거리$_{Distance}$' 개념으로 수직선 위에 위치를 잡을 수 있습니다.

예를 들어볼게요.

'대분수 $1\frac{2}{5}$의 수직선 위의 위치는 어떻게 설명할 수 있을까요?'

$1\frac{2}{5} = 1 + \frac{2}{5}$와 같죠! 여기서 $1 + \frac{2}{5}$의 위치는 '1에서 출발하여 오른쪽으로 $\frac{2}{5}$만큼의 거리에 있는 점'이 되는 거예요. 이와 같이 '(자연수) + (분수)' 꼴의 수를 수직선 위에 나타내는 방법은 '(자연수)로부터 오른쪽으로 (분수)만큼의 거리에 있는 점'이 되는 겁니다.

예를 들어, 진분수 $\frac{2}{5}$는 $0+\frac{2}{5}$로 표현할 수 있잖아요. 원점 O로부터 오른쪽으로 거리가 $\frac{2}{5}$인 위치에 있고요. 가분수 $\frac{7}{5}$는 대분수 $1\frac{2}{5}=1+\frac{2}{5}$와 같잖아요. 그러니까 1로부터 오른쪽으로 $\frac{2}{5}$의 위치에 놓이게 되는 겁니다.

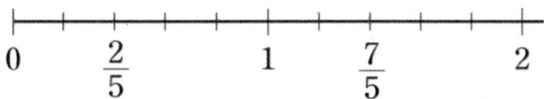

초등학교 4학년 2학기에 배우는 분수의 덧셈과 뺄셈에서 아이들이 가장 어려워하는 것은 '진분수 부분끼리 뺄 수 없는 대분수의 뺄셈'입니다.

(작은 수) − (큰 수) = ?

먼저 진분수 부분끼리 뺄 수 있는 대분수의 뺄셈은 '자연수 부분끼리', '진분수 부분끼리' 빼면 쉽게 계산할 수 있습니다.

$$3\frac{5}{6} - 1\frac{1}{6} = (3-1) + \left(\frac{5}{6} - \frac{1}{6}\right) = 2\frac{4}{6}$$

반면에 진분수 부분끼리 뺄 수 없는 대분수의 뺄셈은 앞의 방법을 사용할 수가 없습니다. 아이들은 "작은 수에서 큰 수를 뺀다."는 개념을 이해하지 못하니까요.

$$3\frac{1}{6} - 1\frac{5}{6}$$

이 식은 두 분수를 모두 '가분수로 변형'한 후에 뺄셈을 계산하거나, 자연수 부분에서 1을 빌려와서 계산해야 하는데요. 이런 유형의 문제를 해결하기 위해서는 '가분수와 대분수의 관계'를 이해할 수 있어야 하는 겁니다.

$$3\frac{1}{6} - 1\frac{5}{6} = \frac{19}{6} - \frac{11}{6} = \frac{8}{6} = 1\frac{2}{6}$$

$$3\frac{1}{6} - 1\frac{5}{6} = 2\frac{7}{6} - 1\frac{5}{6} = (2-1)\frac{2}{6} = 1\frac{2}{6}$$

성공적으로 두 대분수의 뺄셈을 계산했습니다. 박수와 칭찬을 받아 마땅하죠! 짝짝짝~^^

'그런데 뭔가 허전하지 않습니까?'

 수학의 골든타임

허전함을 느끼지 못하겠다고요? 정말 그럴까요?

여기서 학교교육의 문제점을 찾을 수 있는데요. 수업의 목표가 "계산을 할 수 있다."인 경우가 대부분이거든요. 하지만 조금만 생각해 보면, 무엇이 더 중요한지는 쉽게 판단할 수 있습니다.

• • •

빼셈 계산을 할 수 있다?
빼셈의 '의미'를 알 수 있다!

'수학은 계산이 아닙니다!'

계산능력이 수학의 목표가 되어서는 안 되는 거예요. 계산은 계산기를 이용하면 금방 할 수 있지 않나요? 그런데 매우 아쉽게도 우리나라 학교수학의 목표는 "계산을 할 수 있다."입니다. 학생들이 빼셈 계산만 정확히 할 수 있으면 되는 거예요. 빼셈이 뭘 의미하는지를 이해했는지는 관심이 없습니다. 이건 말이 안 되는 겁니다! 의미를 먼저 정확하게 알고 난 후에 계산을 하는 것이 맞는 거잖아요. 수학의 의미와 가치를 외면한 학교교육으로 인해 과반수의 아이들이 수포자가 되는 겁니다.

• • •

두 대분수의 빼셈은 어떤 의미가 있을까요?

이 질문의 답을 찾는 것이 수학의 목표가 되어야 합니다. 계산이 아니고요. 의미와 가치를 모른 채, 어려운 계산만 기계적으로 하는 아이들이 수학에 대한 긍정적인 자아개념을 가질 수 있을까요?

기능만 강조하는 수업은 수포자를 양산하는 중요한 요인 중의 하나입니다. 계산과정에 앞서서 그 계산이 가지고 있는 의미를 충분히 이해하도록 돕는 것이 올바른 교육인 거예요. 수직선 위에는 자연수와 자연수 사이에 대분수를 포함하여, 진분수와 가분수들이 있다는 점을 설명할 수 있어야 합니다. 이 과정에서 아이들은 자연수에 속하지 않는 수들이 많고, 그 수들도 모두 수직선 위에 위치를 표시할 수 있음을 이해할 수 있는데요. 이런 과정을 통해 자연수보다 더 큰 수 체계로의 확장이 필요하다는 인식을 할 수 있는 거예요.

'뺄셈의 의미는 무엇일까요?'

큰 수에서 작은 수를 빼는 '차(Difference)'는 수직선 위에서 "두 수 사이의 거리"를 의미합니다. 초등학교 4학년 학생들은 자연수들의 뺄셈의 결과를 두 수 사이에 존재하는 '칸의 개수'로 인식합니다. 반면에 자연수가 아닌 분수들의 뺄셈은 칸의 개수가 아닌 '거리'로 이해해야 하는 거예요.

초등학생들이 분수개념을 이해하기 어려운 이유가 하나 더 있습니다. 교육과정상 분수를 자연수가 아닌 새로운 수 체계, 즉

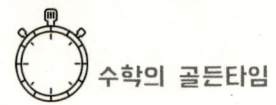 수학의 골든타임

'유리수'로 설명할 수 없기 때문인데요. 유리수는 중학교 1학년 과정에서 처음 다루기 때문입니다.

한 번 생각해 보세요!

자연수가 아닌 분수가 있는 거예요. 그런데 그 분수를 유리수라고 부를 수도 없습니다. 도대체 아이들이 분수를 뭐라고 이해해야 하는 걸까요?

• • •

분수는 수입니까? 수가 아닙니까?

유리수를 배우지 않은 초등학생은 이 질문에 답을 하기 어렵습니다. 유리수에 대한 이해 없이 분수를 배우게 되고, 또 분수의 덧셈과 뺄셈을 계산해야 하고요.

분수의 개념과 분수의 계산은 초등학교에서 수포자를 만드는 가장 큰 원인으로 꼽히고 있습니다. 따라서 분수를 배우는 3, 4, 5학년은 중요한 수학의 골든타임이라고 볼 수 있는 거고요. 자연수만 알고 있던 아이들이 자연수가 아닌 새로운 수의 의미를 이해하고, 분수들의 연산을 한다는 것 자체가 결코, 쉽지 않음을 인정해야 합니다. 이 시기의 아이들에게는 분수에 대한 개념을 완벽하게 이해할 수 있도록 충분한 시간과 설명을 제공해 주어야 합니다.

6부 수학의 골든타임

초4 - 소수(두 자리 수, 세 자리 수)

연계단원

초5 1학기 - 소수의 곱셈
초5 2학기 - 소수의 나눗셈
초6 1학기 - (소수)÷(자연수)
중1 1학기 - 정수와 유리수

자연수만을 다루던 아이들에게 분수는 자연수가 아닌 새로운 수로 인식을 한다고 했죠. 아이들에게 분수는 '수이기도 하고 수가 아니기도 한 이상한 수'입니다. 그런데 이런 분수를 제대로

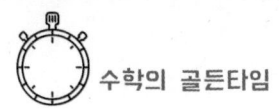 수학의 골든타임

이해하기도 전에 분수를 '다르게 표현하는 방법'을 배웁니다.

자연수에서는 같은 값을 가지는 수를 표현하는 방법은 오직 하나뿐입니다. 예를 들어, 자연수 5와 같은 값을 가지는 수는 5 이외에는 없죠. 그런데 유리수는 같은 값을 가지는 수를 '분수' 이외에 다른 방법으로도 표현할 수 있습니다. 바로 '소수小數'인데요. 소수는 "0보다 크고 1보다 작은 수"를 의미하고, '소수점 (.)'을 이용하여 수를 표현합니다.

0.1, 0.12, 0.2, 0.23

분수의 역사는 적어도 4000년 이상이라고 했잖아요. 초기 인류문명이 발원한 곳에서는 어김없이 분수를 사용했던 흔적을 찾아볼 수 있습니다. 분수에 비해서 소수의 역사는 매우 짧습니다.

소수표현에 대한 아이디어를 처음으로 고안한 사람은 16세기 네덜란드의 수학자 시몬 스테빈Simon Stevin인데요. 1585년 그의 저서 <<10분의 1에 관하여>>에서 '소수'의 개념을 소개했습니다. 물론 처음부터 소수점을 사용했던 것은 아닙니다.

예를 들어, 5.912를 다음과 같이 표현했습니다.

0	1	2	3
5	9	1	2

또는 5⓪9①1②2③

6부 수학의 골든타임

결국, 소수는 어떤 필요성에 의해 16세기에 만들어진 수의 표현인 겁니다. 분수 $\frac{1}{2}$을 소수 0.5로도 표현하고 싶었던 거예요. 따라서 소수를 처음 배우는 아이들은 "소수를 만든 이유와 필요성이 무엇일까?"에 대해 이해하는 것이 중요합니다.

• • •

스테빈이 소수표현을 만든 이유가 뭘까?

학생들이 스테빈의 입장에서 소수를 만든 이유를 조사해보고, 발표하는 시간을 가져보면 좋을 겁니다. 이런 과정도 없이 소수의 정의를 외우고 소수의 연산을 연습하기만 하면, 수학의 의미와 가치를 이해할 수가 없으니까요.

스테빈이 소수를 만든 이유는 크게 두 가지로 생각해 볼 수 있습니다.

첫째, 분수의 단점 때문입니다.

같은 값을 가지는 분수가 무수히 많은 거예요. 예를 들어, 분수 $\frac{1}{2}$은 $\frac{2}{4}$, $\frac{3}{6}$, …등과 같은 값을 가집니다. 즉, 수의 표현이 유일하지 않습니다.

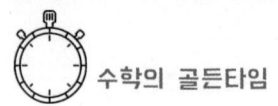

두 번째, **분수의 덧셈과 뺄셈의 불편함 때문입니다.**

분모가 다른 두 분수를 더하거나 빼기 위해서는 분모를 같게 만드는 '통분'을 해야 합니다. 즉, 두 분모의 최소공배수를 찾고, 분모와 분자에 같은 수를 곱해야 하잖아요. 계산할 때마다 매우 불편했을 겁니다.

$$\frac{1}{2}+\frac{2}{5}=\frac{5}{10}+\frac{4}{10}=\frac{9}{10}$$

반면에 소수는 이런 통분 과정이 필요 없습니다. 자연수의 덧셈과 뺄셈을 하듯이 자릿수에 맞게 더하거나 빼면 되는 거예요.

$$0.5+0.4=0.9$$

초등학교 4학년에서 다루는 소수는 두 자리 수와 세 자리 수인데요. 이런 소수를 중학교 1학년 과정에서는 '유한소수Finite decimal'로 정의합니다. 스테빈도 처음에는 소수표현의 대상을 유한소수로 제한을 두었는데요. 이 유한소수에서 '소수가 분수에 비해 늦게 만들어진 이유'를 찾을 수 있습니다.

유한소수를 통해서
소수가 분수보다 늦게 만들어진 이유를 알 수 있습니다!

유한소수는 같은 값을 가지는 분수로도 표현할 수 있습니다. 이렇게 표현된 분수에서 어떤 특징을 찾을 수 있을까요?

$$\frac{1}{10}=0.1, \frac{12}{100}=0.12, \frac{2}{10}=0.2, \frac{23}{100}=0.23$$

분모가 모두 10의 거듭제곱이죠! 맞습니다! 모든 유한소수는 분모를 10의 거듭제곱으로 나타낼 수가 있어요! 유한소수가 만들어지는 이유를 이해하기 위해서는 '십진법의 역사'를 알아야 합니다. 현재는 대부분의 나라에서 십진법을 사용하고 있지만, 십진법의 역사는 그리 오래되지 않았습니다.

생각해 보세요! 고대 바빌로니아는 '육십진법'을 사용했잖아요. 그 밖의 다른 문명에서도 십진법보다는 '십이진법'이나 '오진법'을 사용했습니다. 앞에서 설명했듯이 로마숫자도 사실은 오진법입니다.

유럽에서 십진법을 주로 사용하기 시작한 것은 12세기 이후입니다. 따라서 그전까지는 각 나라마다 다양한 진법을 사용하다

보니, 분수를 소수로 나타내면 그 표현이 유일하지 않았습니다. $\frac{1}{12}$는 십이진법으로는 0.1이 되고, 육진법으로는 0.03입니다. 이런 이유로 소수의 역사는 십진법의 역사와 밀접한 관련이 있습니다.

자연수만 알고 있던 아이들이 자연수가 아닌 분수를 배우고, 더 나아가 분수를 소수로 표현하는 방법을 배웁니다. 지금까지 사용해왔던 자연수 이외의 새로운 수를 받아들이기 위해서는 '이유와 필요성'에 대한 이해가 반드시 선행되어야 합니다. 그래야 수학의 의미와 가치를 인식할 수 있는 거고요.

우리에게 익숙한 생활습관을 바꾸고자 할 때도 비슷합니다. 먼저 습관을 바꿔야 하는 명확한 이유가 있고, 그 이유를 스스로 받아들일 때 나쁜습관을 고칠 수 있잖아요.

수학도 마찬가지입니다. 자신이 배워야 할 수학 개념이 어떤 필요성에 의해서 만들어졌는지, 또 어떤 의미와 가치가 있는지를 먼저 이해해야 합니다. 이런 과정을 건너뛰고 책에 있는 내용이니 무조건 풀어야 한다는 식으로 아이들을 가르치면 안 되는 겁니다. 모든 수학 개념들은 만들어진 이유와 필요성이 있습니다. 당연히 각각의 의미와 가치가 있고요. 수학의 의미와 가치를 이해하는 것이 단순한 계산보다 앞서야 합니다. 이것이 진정한 수학 공부입니다!

6부 수학의 골든타임

초5 - 약수와 배수, 공약수와 최대공약수, 공배수와 최소공배수

연계단원

초5 1학기 - 분수의 덧셈과 뺄셈(통분)
중1 1학기 - 소인수분해(소수, 최대공약수, 최소공배수)
고1 1학기 - 다항식의 계산(곱셈공식, 인수분해)

초등학교 5학년 1학기에 배우는 '약수와 배수, 공약수와 최대공약수, 공배수와 최소공배수'는 수의 성질에서 가장 중요하고, 기초

 수학의 골든타임

가 되는 수학 개념입니다. '분수의 통분'을 할 때도 최소공배수 개념을 사용하고, 중학교에서 배우는 '소수와 합성수', '소인수분해', 고등학교에서 배우는 '다항식의 계산' 등, 약수와 배수개념을 사용하는 수학 개념이 많습니다.

• • •

약수와 배수개념은
수의 성질을 파악하는 핵심 도구입니다!

자연수의 성질을 탐구할 때, 공통 성질을 갖는 수들끼리 묶을 수 있는 것은 약수와 배수개념이 있기 때문입니다.

*1은 유일하게 약수의 개수가 1입니다.
*2, 3의 약수의 개수가 2이고요.
*4의 약수는 1, 2, 4로 약수의 개수가 3이에요.

약수와 배수개념으로 각각의 자연수가 가지는 수의 성질을 파악하고, 같은 성질을 갖는 수들끼리 분류할 수 있습니다. 또한, 약수와 배수를 이용해서 각각의 수들이 가지고 있는 규칙을 탐구할 수도 있고요.

> *약수의 개수가 1인 수는 오직 1뿐이다.
> *약수의 개수가 2인 수는 2, 3, 5, 7, …등으로, '소수$_{Prime}$'라고 한다.
> *약수의 개수가 3인 수는 4, 9, 25, 49, …등으로, '소수의 제곱수'이다.
> *약수의 개수가 3 이상인 수들을 '합성수$_{Composite\ number}$'라고 한다.

약수와 배수의 관계는 곱셈식을 이용하여 쉽게 이해할 수 있습니다. 예를 들어, $2 \times 3 = 6$에서 2, 3은 6의 약수이고, 6은 2, 3의 배수가 되는 건데요. 보통 어떤 수의 약수를 구할 때, 이와 같이 그 수를 두 수의 곱으로 표현하면 어렵지 않게 약수를 구할 수 있습니다.

하지만 초등학교 5학년 과정에서 최대공약수와 최소공배수를 다루는 것은 좀 무리가 있습니다. 같은 내용을 중학교 1학년 1학기 소인수분해에서 다시 다루는데요. 차이점은 중학교 1학년 때는 '소수$_{Prime}$'의 정의를 먼저 배운다는 점이에요. 소수인 약수를 '소인수'라 하고, 주어진 수를 소인수들의 곱으로 나타냅니다. 초등학교 5학년 과정에서는 소수의 개념을 설명하지 않은 상태에서 두 수의 최대공약수를 구하는데요. 이렇다 보니 명확한 설명과 이해에 어려움을 겪게 됩니다.

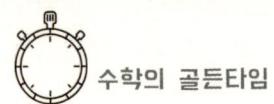
수학의 골든타임

12와 20의 최소공배수 구하기

방법 ① 여러 수의 곱으로 나타낸 곱셈식을 이용하여 구하기

$12 = 2 \times 6$ $20 = 2 \times 10$

$12 = 2 \times 2 \times 3$ $20 = 2 \times 2 \times 5$

$2 \times 2 \times 3 \times 5 = 60$ ➡ 12와 20의 최소공배수

방법 ② 공약수를 이용하여 구하기

12와 20의 공약수 ➡ 2) 12   20
6과 10의 공약수 ➡ 2) 6   10 →12와 20을 2로 나눈 몫
                        3   5 →6과 10을 2로 나눈 몫

$2 \times 2 \times 3 \times 5 = 60$ ➡ 12와 20의 최소공배수

[초등학교 5학년 두산동아교과서]

초등수학 교육과정에서는 약수와 배수의 개념과 의미를 이해하는 것에 중점을 두어야 합니다. 공약수와 공배수, 최대공약수와 최소공배수는 간단히 개념만 이해하고, 구체적인 계산방법은 중학교 1학년 과정에서 익히는 것이 효과적입니다.

6부 수학의 골든타임

초5 - 분수의 덧셈과 뺄셈(통분)

연계단원

초5 1학기 - 약수와 배수, 공배수와 최소공배수
중1 1학기 - 정수와 유리수(덧셈, 뺄셈)

분수개념이 초등학교 수포자를 양산하는 가장 큰 요인이라고 했잖아요. 분수 중에서도 '분수의 덧셈과 뺄셈'은 그 개념을 이해하기 쉽지 않습니다. 그 주된 이유는 통분, 즉 "분모가 다른 두 분수나 분수식에서 분모를 같게 만드는 것" 때문입니다. 그렇

 수학의 골든타임

다면 통분을 해야 하는 이유가 뭘까요?

이 단원에서 아이들이 배워야 할 핵심개념은 '통분하는 이유'입니다. 하지만 대부분은 최소공배수를 이용하여 두 분수의 분모를 같게 만드는 연습을 반복하는데요.

수학 공부에서 가장 중요한 것이 '수학 개념의 의미와 가치를 이해하는 것'임을 잊지 말아야 합니다. 더욱이 분수의 덧셈과 뺄셈은 초등학교 수포자를 양산하는 주범 중의 주범이라고 했잖아요. 수학의 골든타임을 놓치지 않기 위해서는 24시간 비상등을 켜고 지켜보아야 합니다.

두 분수의 덧셈을 생각해 보죠!

$\frac{2}{3}+\frac{3}{5}$을 계산하기 위해서는 두 분모 3과 5가 서로 다르므로 통분을 해야 합니다. 3과 5의 최소공배수가 $3\times5=15$이므로 다음과 같이 계산할 수 있어요.

$$\frac{2}{3}+\frac{3}{5}=\frac{2\times5}{3\times5}+\frac{3\times3}{5\times3}=\frac{10}{15}+\frac{9}{15}=\frac{19}{15}$$

두 분수의 뺄셈에서도 통분을 이용하면 같은 방법으로 계산을 할 수 있습니다. 또한, 그 과정이 그다지 어렵게 보이지 않은데요.

6부 수학의 골든타임

아이들은 왜 분모의 통분을 어려워할까?

분수의 덧셈과 뺄셈을 하지 못하는 초등학생이나 중학생이 의외로 많습니다. 그런데 방법을 알려주면 곧잘 하거든요. 그리고는 금방 까먹는 거예요. 그 이유는 자명합니다.

'통분해야 하는 이유를 이해하지 못한 채, 기계적으로 계산만 하기 때문입니다!'

분수의 덧셈과 뺄셈에서 분모를 같게 만드는 통분을 해야 하는 이유를 먼저 명확하게 이해한 후에 계산방법을 익혀야 합니다. 이렇게 되면 혹시라도 통분하는 방법을 잊더라도, "분모가 다른 두 분수는 분모를 같게 만들어야 한다."는 점을 떠올릴 수 있습니다. 통분하는 방법은 인터넷을 검색하면 쉽게 찾아볼 수 있고요.

분모를 같게 만드는 이유는
분수가 어떤 대상의 '비$_{Ratio}$'를 의미하기 때문입니다!

처음 분수에 관해 설명할 때, 고대 인류가 분수를 사용하게 된 이유가 '전체에 대한 부분의 비'를 표현할 필요가 있었기 때문이라고 설명했었죠!

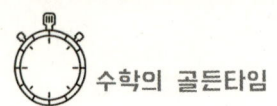 수학의 골든타임

$$\frac{부분}{전체}$$

'비$_{ratio}$'는 대상에 따라서 그 값이 의미하는 '양$_{measure}$'이 같지 않을 수 있습니다.

예를 들어, 'Large Size'와 'Small Size' 피자 각 한판을 6등분했다고 생각해 보죠. 6등분한 피자 한 조각은 피자 한판의 $\frac{1}{6}$에 해당하잖아요. 하지만 Large Size와 Small Size에 따라서 한 조각의 '크기'와 '양'은 같지 않습니다.

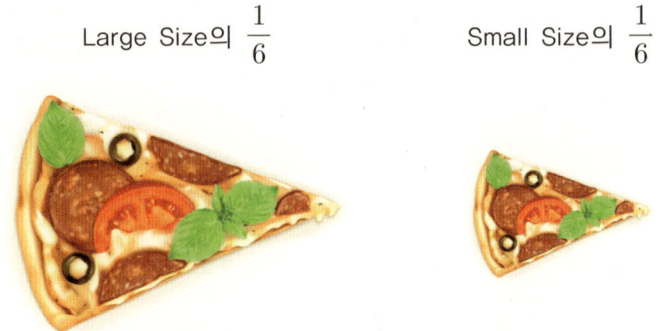

Large Size의 $\frac{1}{6}$ Small Size의 $\frac{1}{6}$

분수의 또 다른 특징 중의 하나는 분모가 분수를 판단하는 기준이라는 점입니다.

6부 수학의 골든타임

예를 들어, 두 분수 $\frac{3}{4}$와 $\frac{5}{6}$를 생각해 볼까요?

여기에 평면도형 A가 있습니다. 분수 $\frac{3}{4}$은 도형 A를 '4등분할 때의 3조각에 해당하는 넓이'를 의미하고, 분수 $\frac{5}{6}$는 도형 A를 '6등분할 때의 5조각에 해당하는 넓이'를 의미한다고 볼 수 있습니다.

'도형 A의 $\frac{3}{4}$과 도형 A의 $\frac{5}{6}$ 중에서, 어느 넓이가 더 클까요?'

분모가 다른 두 분수의 크기를 비교하기 위해서는 분모를 같게 만들어야 합니다.

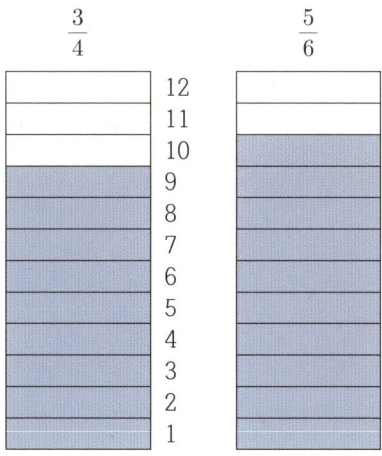

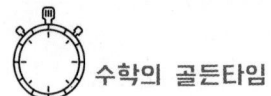

분수는 원래 '전체에 대한 부분의 비$_{Ratio}$'라고 했잖아요. 크기$_{Size}$를 갖는 수 개념이 아닙니다. Large사이즈와 Small사이즈에서 각 피자의 $\frac{1}{6}$의 크기가 같지 않은 것도 전체의 크기가 달랐기 때문입니다. 따라서 분수를 '비$_{Ratio}$가 아닌 크기$_{Size}$'로 표현하기 위해서는 반드시 분모를 통분하여 전체를 같게 만들어야 하는 겁니다. 대소비교뿐만 아니라, 덧셈이나 뺄셈을 할 때도 분수를 비가 아닌 크기로 표현해야 하는 거고요.

$$\frac{3}{4}+\frac{5}{6}=\frac{3\times 3}{4\times 3}+\frac{5\times 2}{6\times 2}=\frac{9}{12}+\frac{10}{12}=\frac{19}{12}$$

6부 수학의 골든타임

초5 - 분수와 소수의 곱셈

연계단원

초6 1, 2학기 - 분수와 소수의 나눗셈
중1 1학기 - 정수와 유리수(곱셈, 나눗셈)

앞에서 하나의 유리수를 '분수' 또는 '소수'로 나타낼 수 있음을 설명했죠! 예를 들어, 분수 $\frac{1}{2}$은 소수 0.5로 나타낼 수 있고, 두 수는 서로 같습니다.

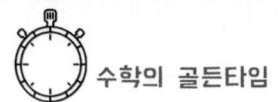

$$\frac{1}{2} = 0.5$$

다음으로 '자연수'도 '분수'로 바꿀 수 있어요.

$$1 = \frac{2}{2} = \frac{3}{3} = \frac{4}{4} = \cdots$$

$$2 = \frac{2}{1} = \frac{4}{2} = \frac{6}{3} = \cdots$$

$$3 = \frac{3}{1} = \frac{6}{2} = \frac{9}{3} = \cdots$$

따라서 자연수, 소수, 분수의 혼합계산을 하는 경우에는, 자연수와 소수를 모두 분수로 변형하여 계산하는 것이 수 체계를 이해하는데 도움이 됩니다.

분수는 자연수만큼이나 그 역사가 오래되었다고 했죠! 4000여 년 전에 만들어진 고대 바빌로니아 석판을 통해 매우 다양한 분수와 분수의 연산을 사용했음을 알 수 있습니다. 이렇듯 분수의 역사가 자연수만큼이나 오래되었다는 것은 인류문명의 초기부터 분수가 필요했다는 것을 의미합니다.

그런데, 이렇게 오랜 역사와 전통을 가지고 있는 분수에 한 가지 단점이 있다고 했죠!

같은 수를 나타내는 분수가 무수히 많습니다!

예를 들어, $\frac{2}{3}$를 볼까요?

$$\frac{2}{3} = \frac{4}{6} = \frac{6}{9} = \frac{8}{12} = \cdots$$

$\frac{2}{3}$와 같은 값을 가지는 분수는 무수히 많습니다. 같은 값을 나타내는 분수가 무수히 많은 것이 왜 단점이 되는지 설명해 볼게요.

'$\frac{2}{3}$가 답인 문제를 생각해 볼까요!'

답지에 $\frac{2}{3}$, $\frac{4}{6}$, $\frac{6}{9}$, $\frac{8}{12}$, … 중에서 어떤 값을 써야 할까요? 아니면 어떤 값을 쓰더라도 모두 정답으로 인정을 해줘야 할까요? 하지만, 정답이 무수히 많다는 것이 좀 이상합니다.

다른 경우도 생각해 볼 수 있습니다.

당신이 무역업에 종사한다고 생각해 보죠. 그런데 거래를 하는 당사자마다 같은 값을 가지는 분수를 모두 다르게 쓰는 거예요.

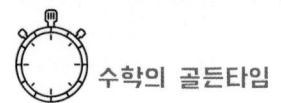

$$\frac{2}{3}, \frac{4}{6}, \frac{6}{9}, \frac{8}{12}, \cdots$$

수익계산이 중요한 무역업에서는 숫자의 표현이 매우 중요합니다. 그런데 이렇듯 같은 분수를 다르게 표현하면 계산과정이 복잡해지거나, 오류가 발생할 수 있겠죠.

'이것이 바로 분수의 단점입니다!'

이와 같은 혼란을 피하기 위해, '기약분수'를 사용하는 거예요. 기약분수는 "분모와 분자가 1 이외의 공약수를 갖지 않는 분수"인데요. 앞의 분수에서는 $\frac{2}{3}$만 기약분수이고, 나머지는 기약분수가 아닙니다. 이렇게 기약분수를 만들기 위해서는 '약분' 개념이 필요한데요. 약분은 "분모와 분자를 그들의 공약수로 나누는 것"을 말합니다.

예를 들어, 분수 $\frac{4}{6}$의 경우에 분모와 분자를 최대공약수 2로 나누어 주면 기약분수로 나타낼 수 있습니다.

$$\frac{4 \div 2}{6 \div 2} = \frac{2}{3}$$

이와 같은 분수의 성질을 이해하면 '분수와 소수의 곱셈'뿐만 아니라, '분수와 소수의 나눗셈'을 이해하는데 많은 도움이 됩니다.

분수의 곱셈에서
분모끼리, 분자끼리 곱하는 이유는 뭔가요?

두 분수의 덧셈이나 뺄셈에서는 두 분수의 분모를 같게 만드는 통분을 해야 합니다. 반면에 곱셈에서는 분모끼리, 분자끼리 곱해서 계산합니다. 학생들이 어렵게 느끼는 부분인데요.

분수의 곱셈에서 분모끼리, 분자끼리 곱하는 이유를 이해하기 위해서는 먼저 (자연수)×(분수) 또는 (분수)×(자연수)를 이해할 필요가 있습니다.

예를 들어 볼게요. 곱셈 $\frac{2}{3} \times 5$의 의미는 '$\frac{2}{3}$를 다섯 번 더하는 것'이잖아요. 따라서 다음과 같이 쓸 수 있습니다.

$$\begin{aligned} \frac{2}{3} \times 5 &= \frac{2}{3} + \frac{2}{3} + \frac{2}{3} + \frac{2}{3} + \frac{2}{3} \\ &= \frac{2+2+2+2+2}{3} \\ &= \frac{2 \times 5}{3} = \frac{10}{3} \end{aligned}$$

결국 $\frac{2}{3} \times 5 = \frac{2 \times 5}{3}$이 되는데요. 이 식에서 자연수 5를 분수로 표현하면 분모끼리, 분자끼리 곱하는 곱셈방법이 더욱 명확해집니다.

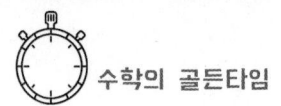

$$\frac{2}{3} \times 5 = \frac{2}{3} \times \frac{5}{1} = \frac{2 \times 5}{3 \times 1} = \frac{10}{3}$$

(자연수)×(분수)는 곱셈의 '교환법칙'으로 설명이 가능하고요. (분수)×(자연수)를 확장하면 (분수)×(분수)의 계산방법도 설명이 가능합니다.

모든 자연수는 분수로 표현할 수 있다고 했죠! 자연수 5도 분수 $\frac{10}{2}$으로 표현할 수 있습니다. 그리고 앞에서 설명한 약분 개념을 이용하여 계산 결과를 기약분수로 나타낼 수 있고요.

$$\frac{2}{3} \times \frac{10}{2} = \frac{2 \times 10}{3 \times 2} = \frac{10}{3}$$

이제 (분수)×(분수)의 계산방법이 분모끼리, 분자끼리 곱하는 이유를 아시겠죠! 많은 학생들이 분수의 덧셈, 뺄셈, 곱셈, 나눗셈의 계산방법을 헷갈려 합니다. 가장 많이 실수하는 경우는 분수끼리의 덧셈과 곱셈인데요.

예를 들어, 분수의 덧셈에서 분모끼리, 분자끼리 더하거나, 분수의 곱셈에서 분모를 통분하는 경우입니다.

$$\frac{1}{3} + \frac{1}{2} = \frac{1+1}{3+2} = \frac{2}{5} \ (\times)$$

$$\frac{1}{3} \times \frac{1}{2} = \frac{2}{6} \times \frac{3}{6} = \frac{2 \times 3}{6} = 1 \ (\times)$$

하지만, 이와 같은 계산 실수는 크게 문제 되지 않습니다. 계산은 계산기나 컴퓨터로 하면 되잖아요. 진짜 학습목표는 분수의 덧셈에서 '통분하는 이유', 그리고 분수의 곱셈에서 '분모끼리, 분자끼리 곱하는 이유'를 이해하는 것입니다.

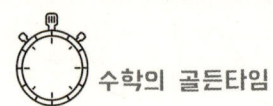
수학의 골든타임

초6 - 분수와 소수의 나눗셈

연계단원

초6 1학기 - (자연수)÷(자연수), (분수)÷(자연수), (소수)÷(자연수)
중1 1학기 - 정수와 유리수(곱셈, 나눗셈)

우리가 흔히 '사칙연산'이라고 부르는 덧셈, 뺄셈, 곱셈, 나눗셈은 초등학교 교육과정에서 매우 중요하게 다뤄지는 수학 개념입니다. 이 중에서 '나눗셈'은 초등학교 3학년 과정에서 처음 배우게 되는데요. 자연수 범위에서 곱셈식을 이용하여 나눗셈식을 만드는 방식으로 설명합니다.

예를 들어, 28을 7로 나눈 몫을 구해 볼까요?

구구단을 이용하면 $7 \times 4 = 28$이므로 $28 \div 7 = 4$가 되는 거예요. 초등학교 5학년 과정의 나눗셈에서는 '나눗셈'을 다양한 수학 개념들과 연관시킵니다.

첫째, 나눗셈과 분수의 관련성

나눗셈 $28 \div 7$은 분수 $\frac{28}{7}$과 같습니다.

$$28 \div 7 = \frac{28}{7}$$

둘째, 등식의 성질

"양변을 같은 수로 나누어도 그 결과는 같다."는 등식의 성질에 의해서 곱셈을 나눗셈으로 변형할 수 있습니다.

$$7 \times 4 = 28의\ 양변을\ 7로\ 나누면\ \frac{28}{7} = \frac{7 \times 4}{7} = 4$$

셋째, '역수'의 곱셈

나눗셈은 초등생은 물론이고 중·고등학생 모두 '역수의 곱셈'으로 변형하여 계산합니다. 역수는 "어떤 수와 곱해서 1이 되게

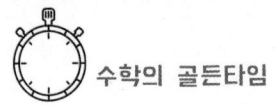

하는 수"인데요.

예를 들어 $5 \times \frac{1}{5} = 1$, $\frac{3}{4} \times \frac{4}{3} = 1$이므로, 5와 $\frac{1}{5}$, $\frac{3}{4}$과 $\frac{4}{3}$은 서로 역수가 됩니다.

$28 \div 7 = \frac{28}{7}$이라고 했죠. 사실 $\frac{28}{7}$은 $28 \times \frac{1}{7}$과 같잖아요. 따라서, 다음과 같이 나눗셈을 역수의 곱셈으로 변형할 수 있는 겁니다.

$$28 \div 7 = 28 \times \frac{1}{7}$$

이와 같은 나눗셈의 성질들은 자연수에서 분수 또는 소수로 확장해도 성립하는데요. '역수의 곱셈'을 이용하면 분수의 나눗셈도 어렵지 않게 계산할 수 있습니다.

$$\frac{12}{5} \div \frac{4}{3} = \frac{12}{5} \times \frac{3}{4} = \frac{9}{5}$$

소수의 나눗셈은 '소수'를 '분수'로 바꾸어 계산합니다. 따라서, 같은 수를 '소수' 또는 '분수'로 표현할 수 있음을 이해하면, 어렵지 않게 소수의 나눗셈을 계산할 수 있습니다.

$$1.2 \div 4 = \frac{12}{10} \times \frac{1}{4} = \frac{3}{10}$$

$$1.2 \div 0.6 = \frac{12}{10} \div \frac{6}{10} = \frac{12}{10} \times \frac{10}{6} = 2$$

6부 수학의 골든타임

초6 – 원의 넓이(원주율)

연계단원

중1 2학기 – 평면도형의 성질
중2 2학기 – 삼각형의 성질
중3 2학기 – 원의 성질과 원주각

초등학교 6학년에서 배우는 원의 넓이는 '(반지름)×(반지름)×3.14'입니다. 원의 반지름만 알면, 어렵지 않게 원의 넓이를 계산할 수 있습니다. 따라서 이 단원에서 아이들이 이해해야 하는 학습목

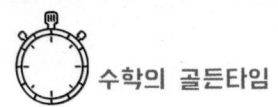

표는 다음의 두 가지라고 볼 수 있습니다.

첫째, 원의 넓이를 계산하는 공식이 '(반지름)×(반지름)×3.14' 인 이유

둘째, 원주율의 정의와 의미

'넓이를 계산할 수 있는 도형은 몇 개나 있을까요?'
이 질문에 답을 해보세요.

몇 개나 있을까요? 일단 교과서나 문제집에 나오는 모든 평면도형은 넓이를 계산했던 것 같지 않나요? 넓이를 묻는 문제에서는 넓이를 구할 수 있도록 조건을 주기 때문에, 교과서나 문제집에 나오는 모든 도형은 넓이를 구할 수 있습니다.

아이들에게 넓이를 구할 수 있는 평면도형이 몇 개 안된다는 이야기를 하면, 놀랍다는 표정을 짓곤 합니다.

"다 구할 수 있지 않나요?"

넓이의 의미를 배우지 못하고 계산만 하다 보니, 모든 도형의 넓이를 구할 수 있다고 생각하는 건데요. 교과서나 문제집에는 넓이를 구할 수 있는 도형들만 나오니, 이렇게 생각하는 것도 이상한 일이 아닐 겁니다.

6부 수학의 골든타임

• • •

직사각형 모양으로 나타낼 수 있는 평면도형만
넓이를 계산할 수 있습니다!

이 말을 듣는 순간 "말도 안 돼요!"라고 말하는 아이들이 많습니다.

"직사각형만 넓이를 구할 수 있다고요?"

당연한 반응입니다. 아이들은 넓이의 정의와 의미를 배운 적이 없으니까요!

• • •

(직사각형의 넓이) = (가로의 길이) × (세로의 길이)

"삼각형이나 평행사변형의 넓이도 계산할 수 있잖아요!"

수학을 잘하는 아이들은 선생님의 말에 동의할 수 없다며 반기?를 들기도 하는데요. 아이들이 말이 맞습니다!

다각형의 경우에 '삼각형', '직사각형', '정사각형', '마름모', '사다리꼴', '평행사변형' 모두 넓이를 구할 수 있으니까요. 다각형이 아닌 평면도형 중에서 넓이를 계산할 수 있는 도형은 '원Cycle'이나 원의 일부가 유일합니다.

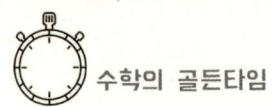
수학의 골든타임

• • •

직사각형의 넓이는
도형의 넓이를 계산하는 기준입니다!

초등학교 6학년 아이들이 이 단원에서 배워야 하는 수학의 의미와 가치는 바로 '넓이Size의 개념'입니다. 넓이를 계산하는 공식이 아니고요.

아이들이 넓이에 대한 개념을 제대로 이해하기 위해서는 평면도형의 넓이를 계산하는 원리를 알고 있어야 하는데요. 그 핵심 원리가 바로 '직사각형의 넓이'에 있습니다.

• • •

가로의 길이가 a, 세로의 길이가 b일 때
직사각형의 넓이는 $a \times b$

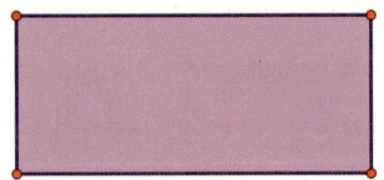

'가로의 길이와 세로의 길이의 곱'인 직사각형의 넓이는 '정의'라고 생각해도 무방합니다. 증명할 필요가 없는 거예요.

나머지 평면도형의 넓이는 직사각형의 넓이를 이용해서 구할 수 있습니다. 다시 말해서 직사각형 모양으로 나타낼 수 있는 도형만 넓이를 계산할 수 있는 겁니다.

먼저 삼각형의 넓이를 구해 볼게요!
삼각형의 넓이는 삼각형을 외접하는 직사각형의 넓이를 이용해서 구할 수 있습니다.

• • •

밑변의 길이가 a, 높이가 b인 삼각형의 넓이는 $\frac{1}{2}ab$

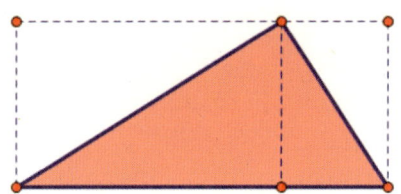

삼각형뿐만 아니라 다른 평면도형의 넓이도 직사각형의 넓이가 기준이 됩니다.
이번에는 마름모의 넓이를 구해 보겠습니다!
네 변의 길이가 모두 같은 사각형인 마름모의 경우도 외접하는 직사각형의 넓이를 이용해서 마름모의 넓이를 구할 수 있습니다.

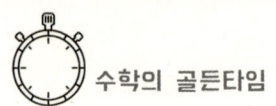

대각선의 길이가 각각 a, b인 마름모의 넓이는 $\frac{1}{2} \times a \times b$

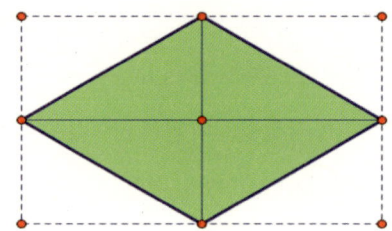

그런데 이렇게 직사각형 모양으로 나타내어 넓이를 구할 수 있는 평면도형은 많지 않습니다. 대부분의 다각형들은 넓이를 구할 수 없거나, 지나치게 복잡한 과정을 거쳐야만 넓이를 구할 수 있습니다.

각 변이 선분이 아닌 곡선으로 둘러싸여 있는 도형의 넓이를 구하는 것은 매우 어렵습니다. 대표적인 평면도형이 '원'인데요. 잘 알다시피 원은 곡선으로 둘러싸여 있잖아요. 선분이 아닌 '곡선Curve'의 길이의 계산은 17세기 이후에나 가능해졌습니다.

원의 넓이를 구하는 방법은 무엇일까요?

6부 수학의 골든타임

'원의 넓이를 구하는 방법'은 다각형의 넓이와 연계하여 수행평가나 탐구 활동으로 진행하기에 좋은 주제인데요. 나중에 '원주율'을 설명할 때 자세하게 이야기하겠지만, '원의 넓이'와 '원둘레의 길이'는 2000년 이상 수학의 중요한 탐구대상이었습니다.

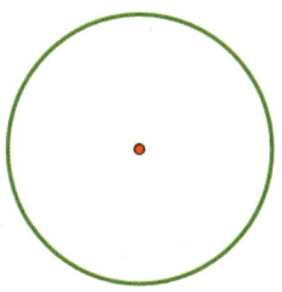

곡선으로 둘러싸여 있는 원의 넓이를 구하는 방법은, 선분으로 둘러싸인 다각형의 넓이를 구하는 방법과는 다를 것이라고 생각할 수 있는데요. 예상과는 달리, 원의 넓이를 구하는 방법도 직사각형의 넓이를 기초로 하고 있습니다.

· · ·

원을 중심각의 크기가 같은 부채꼴로
세분한 후에 직사각형 모양으로 재배열합니다.

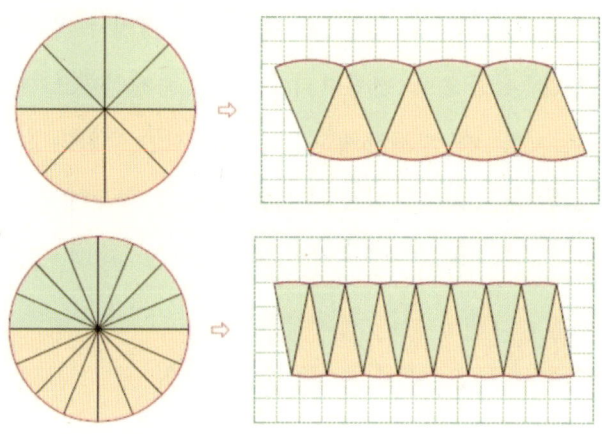

사실 아무리 잘게 세분하여도 완전한 직사각형이 만들어지는 것은 아닙니다. 단지 중심각의 크기를 점점 더 작게 세분할수록 직사각형에 비슷해질 뿐이죠. 따라서 이와 같은 방법으로는 정확한 원의 넓이를 구하는 것은 불가능합니다.

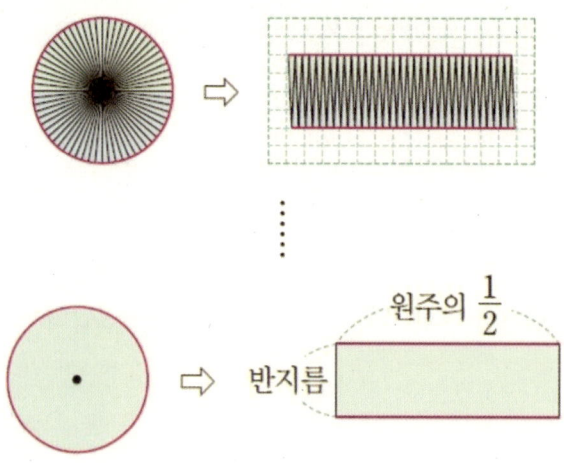

• • •
반지름의 길이가 r인 원의 넓이는

$$(\text{원주의 } \frac{1}{2}) \times r$$

여기서 '원주'는 '원둘레의 길이'인데요. 이 원주를 계산하기 위한 과정이 매우 드라마틱?합니다!

고대 그리스의 수학자 아르키메데스 이후 2000년 이상 수많은 수학자들이 원둘레의 길이를 계산하기 위해 자신의 소중한 시간을 바쳤거든요.

• • •
원둘레의 길이는 어떻게 구할 수 있을까?

원의 넓이를 계산하기 위해서는 '원둘레의 길이'를 계산할 수 있어야 합니다. 하지만 곡선인 원둘레의 길이를 정확하게 계산한다는 것은 매우 어려운 일인데요. 원둘레의 길이는 '원주율'과 매우 밀접한 관련이 있습니다!

• • •
원주율은
원에서 찾은 영원히 변하지 않는 성질입니다!

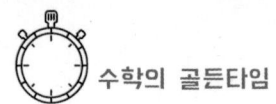 수학의 골든타임

원주율은 원둘레의 길이를 지름의 길이로 나눈 값을 말하는데요. 이 원주율은 모든 원에 대하여 같은 값을 가집니다. 원이 가지고 있는 영원히 변하지 않는 성질인 거예요.

$$원주율 = \frac{원둘레의\ 길이}{지름의\ 길이}$$

초등학교에서는 원주율의 값을 근삿값인 3.14로 사용합니다. 원주율의 식을 다음과 같이 변형해 볼까요?

$$(원둘레의\ 길이) = (원주율) \times (지름의\ 길이)$$
$$= 3.14 \times (지름의\ 길이)$$

따라서 반지름의 길이가 r인 원의 넓이는 다음과 같이 나타낼 수 있습니다.

$$(원주의\ \frac{1}{2}) \times r = 3.14 \times r \times r$$

이제는 원주율에 관해 이야기해 볼세요!

원주율의 정의는 "원주율 $= \frac{원둘레의\ 길이}{지름의\ 길이}$"라고 했죠. 이 원주율은 모든 원에 대해서 같은 값을 가지고요. 그럼 '지름의 길이가 1인 원'의 원주율을 구하는 것이 조금 쉬울 겁니다! 분모가 1이 되니까요!

• • •

지름의 길이가 1인 원에 대하여
(원주율) = (원둘레의 길이)

결국 '원주율을 계산하는 것'은 '원둘레의 길이를 계산하는 것'과 같은 것임을 알겠죠!

원둘레의 길이를 계산하는 역사가 곧 수학의 역사라고 해도 과언이 아닙니다! 보다 정확한 원둘레의 길이를 계산하려고 했던 것은 원주율의 값을 계산하기 위함인데요. 영원히 변하지 않는 성질인 원주율의 정확한 값을 구하는 것은 모든 수학자에게 매우 명예로운 일입니다.

원둘레의 길이를 계산하는 출발점에 고대 그리스의 수학자 아르키메데스가 있습니다. 아르키메데스가 체계적이고 논리적인 방법으로, 원둘레의 길이를 구하는 방법을 처음으로 제시했는데요. 그 방법은 17세기 적분을 사용하기 전까지, 대략 2000여 년 동안 원둘레의 길이를 구하는 최고의 방법으로 인정받았습니다. 아르키메데스가 원주율을 계산한 방법과 수학적 의미에 대해서는 제가 쓴 책 《수학을 알면 보이는 세계 IDEA》에 자세하게 서

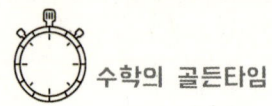 수학의 골든타임

술했으니, 참고해 주시기 바라고요. 여기서는 간단하게 소개만 할게요.

아르키메데스는 반지름의 길이가 1인 원에 내접 및 외접하는 정육각형을 이용했습니다. 처음에 정육각형부터 출발하여, 원주에 근접하도록 변의 개수를 2배씩 늘려가면서 정다각형을 그리고, 한 변의 길이를 계산하는 방법입니다.

정6각형 → 정12각형 → 정24각형
→ 정48각형 → 정96각형

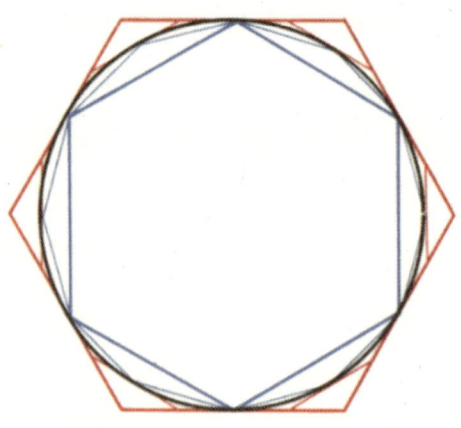

[원에 내접 및 외접하는 정다각형]

소수표현도 없었고, 무리수의 존재도 알지 못했던 고대 그리스 시대에, 아르키메데스는 원에 내접 및 외접하는 정96각형의 한 변의 길이를 계산했습니다.

이것은 현대수학을 적용하고, 컴퓨터를 이용한다고 해도 계산하기 매우 어려운 건데요. 이 과정이 얼마나 복잡하고 어려운 건지 이해할 수 있는 쉬운 방법이 있습니다.

'직접 정6각형을 이용하여 정12각형의 한 변의 길이를 계산해 보세요!'

수학을 잘하는 사람들도 대부분 중간에 계산을 포기하게 될 겁니다. 실제 아르키메데스 이후부터 17세기에 이르기까지 수많은 수학자들이 '아르키메데스의 방법'을 이용하여 보다 정확한 원주율 π의 값을 계산하기 위해 노력했는데요. 아르키메데스의 방법으로 원주율을 계산해온 2000여 년 동안, 보다 정확한 원주율의 값을 찾기 위한 수학자들의 도전은 수학의 발전에 크게 기여했습니다.

원주율이 갖는 수학적 의미는 매우 큽니다.

지금도 세계 여러 나라의 대학과 연구기관에서 3월 14일을 '파이데이(π day)'로 명명하고, 수학과 관련된 다양한 행사를 하는 이유입니다.

우리나라에서도 3월 14일을 '파이데이'로 정하고, 원주율의 역사와 수학적 의미에 대해 함께 배우고 축하하는 시간을 가지면 어떨까요?

원주율은 원의 넓이를 계산할 때만 잠깐 사용하는 의미 없는 기호나 숫자가 아닙니다. 무려 2000년 이상이나 수많은 수학자들이 원주율의 근삿값을 계산하기 위해 노력한 이유가 무엇인지를 아는 것이 수학 공부의 진정한 목표가 되었으면 좋겠습니다.

6부 수학의 골든타임

중학교 수학 – 전체가 수학의 골든타임

<<수학을 알면 보이는 세계 IDEA>>에서 초등학교 수포자에 비해서 중학교 수포자의 비율이 크게 늘어나는 이유를 다음과 같이 설명했습니다.

> 초등학교에 비해 중학교 수포자 비율이 10% 가까이 늘어나는 이유는 초등학교 수학과 중학교 수학의 차이점 때문인데요. 초등학교 수학은 '수 개념과 연산'이 중심인 반면에, 중학교 수학은 '기호와 문자를 사용하여 논리적으로 서술하는 능력'을 중요하게 여깁니다. 더욱이 중학교 수학은 영원히 변하지 않는 성질에 대한 탐구를 본격적으로 시작하는 시기이기도 하고요.

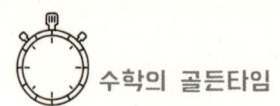 수학의 골든타임

> 조금 과장되게 표현해서, 초등학교 수학이 '세발자전거'라면 중학교 이상의 수학은 '두발자전거'라고 할 수 있습니다. 절대 초등학교 수학을 폄하할 의도가 없음을 말씀드려야 할 것 같네요. 세발자전거를 타다가 처음 두발자전거를 배울 때 느꼈던 두려움을 기억하실 거예요. 아이들이 느끼는 어려움과 공포감도 이와 비슷합니다.

두발자전거를 처음 배울 때를 기억할 거예요. 어지간해서는 쓰러질 일이 없는 세발자전거와는 달리, 두발자전거는 타려고 시도하는 것 자체가 많은 용기가 필요합니다. 아빠가 뒤에서 쓰러지지 않게 잡아주어도, 혼자서 탈 수 있게 되기까지 수많은 시행착오를 겪게 되는데요. 수없이 쓰러지고 넘어질 때마다 포기하지 않고, 다시 시도한 후에야 두발자전거를 탈 수 있습니다.

저는 요즘도 초등학교 수학과 중학교 수학의 차이를 설명할 땐 세발자전거와 두발자전거를 예로 들곤 하는데요. 초등학교 수학을 쉽다고 폄하할 의도는 없습니다. 초등학교 수학이 수 개념의 이해와 연산을 주로 다루는 것에 비해서, 중학교 수학은 문자와 기호의 사용, 방정식, 함수 등의 해석기하학, 그리고 도형에서 영원히 변하지 않는 성질을 탐구하는 논증기하학을 다루기 시작합니다. 따라서 중학교 수학에서는 문자와 기호의 사용, 추상적인 수학 개념의 이해, 증명과정과 풀이 과정을 논리적으로 서술하는 연습을 수없이 반복해야 합니다. 이 과정이 두발자전거를 처음 배울 때에 두발자전거에 익숙해지는 과정과 비슷하게 느껴집니다.

중학교 3년 동안 문자와 기호사용 및 풀이 과정을 논리적으로 서술하는 능력을 길러놓지 않으면, 고등학교 수학은 공부할 수 없거나 공부해도 성적이 나오지 않습니다. 이와 같이 중학교 3년 동안의 수학 공부는 수포자 여부를 가르는 수학의 골든타임이라고 해도 과언이 아닙니다.

먼저 초등학교를 졸업하고 중학교에 입학하는 학생들이 느끼는 수학에 관해 이야기를 시작해 볼게요. 2018년 '사교육 걱정 없는 세상'이라는 단체에서 전국 초·중·고등학생 7,719명을 대상으로, '수학을 포기한 학생'에 대한 조사를 했습니다.

수학을 포기한 학생 비율		
초등학교	중학교	고등학교
36.5%	46.2%	59.7%

중학생의 절반에 가까운 학생들이 수포자라는 사실은 매우 충격적인데요. 수포자 비율이 초등학교 36.5%에서 중학교 46.2%로 10% 가까이 급상승하는 이유는 초등학교 수학과 중학교 수

 수학의 골든타임

학의 차이에서 그 원인을 찾을 수 있습니다.

• • •

중학교 3년 동안 문자와 기호를 사용하여
풀이 과정을 논리적으로 서술하는 능력을 길러야 합니다!!

특히 중학교 1학년 과정에서는 중학교 수학에 익숙해지는 연습에 중점을 두어야 합니다. 중학교 1학년은 수포자가 가장 많이 발생하는 시기인데요. 초등학교 수학과 중학교 수학의 차이점을 이해하고, 중학교 수학에 적합한 방법으로 공부를 해야 합니다. 수학노트를 준비하고 '문자와 기호를 사용하여 풀이 과정을 논리적으로 서술하는 연습'을 수도 없이 반복해야 합니다. 1학년 과정에서 이와 같은 연습을 충분히 하지 않은 아이들은 초등학교의 연산 중심, 즉 계산 위주의 수학에서 벗어나지 못하고 결국에는 수학을 포기하게 됩니다.

6부 수학의 골든타임

중1 - 좌표평면과 그래프

연계단원

중2 1학기 - 일차함수와 그 그래프
중3 1학기 - 이차함수의 그래프와 최대 및 최소
고1 1학기 - 평면좌표(두 점을 지나는 직선, 수직과 평행, 점과 직선 사이의 거리, 원의 방정식)
고2 2학기 - 도형의 이동(평행이동과 대칭이동)

'좌표평면'은
수학의 혁명을 불러온 수학 개념입니다!

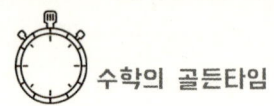
수학의 골든타임

'좌표평면'은 17세기에 '데카르트$_{Descartes}$'가 만들었습니다. 사실 데카르트는 수학자라기보다는, '서양 근대철학의 출발점'이라는 평가를 받고 있을 정도로 대표적인 철학자인데요. 데카르트가 군대에서 포병장교로 복무하는 시기에 직교좌표계를 고안했다고 전해집니다.

• • •

천장에 붙어 있는 파리의 위치를
나타내기 위해서 직교좌표를 생각했다고???

지금까지 전해지는 이야기로는 데카르트가 직교좌표를 생각하게 된 계기가, 천장에 앉아 있는 '파리$_{fly}$'를 보고 정확한 위치를 나타낼 수 있는 방법을 생각하다가, 직교좌표를 만들었다고 하는데요. 저는 이것이 후대사람들이 지어낸 이야기라고 생각합니다. 그 이유를 설명해 볼게요. 포병장교는 전투가 벌어지면 아군의 후방에서 적군의 위치로 포탄을 쏘는 역할을 합니다. 이때 포를 잘못 쏘게 되면 적군이 없는 엉뚱한 곳에 포탄이 떨어질 수도 있고, 최악의 경우에는 아군이 있는 곳에 포탄이 떨어질 수도 있습니다. 따라서 전투가 벌어지고 있는 전쟁터를 하나의 '평면$_{Plane}$'이라 보고, 어떻게 하면 적의 위치를 정확하게 나타낼 것인가를 고민했을 겁니다. 사람들의 목숨뿐만 아니라, 전투의 승패가 결정되는 중요한 일이기 때문입니다.

6부 수학의 골든타임

 포탄을 적군이 있는 곳에 정확하게 떨어지게 만들기 위해서는, 포대를 기준으로 적군의 정확한 위치를 표시할 필요가 있습니다. 이를 위해서 데카르트는 '서로 수직인 두 개의 직선'을 그어서 좌표평면을 만들었다고 추정할 수 있습니다. 적군의 위치를 '좌표'로 나타내면, 좌표에 따른 포의 각도와 작약의 양을 미리 계산해 놓을 수 있었을 겁니다.

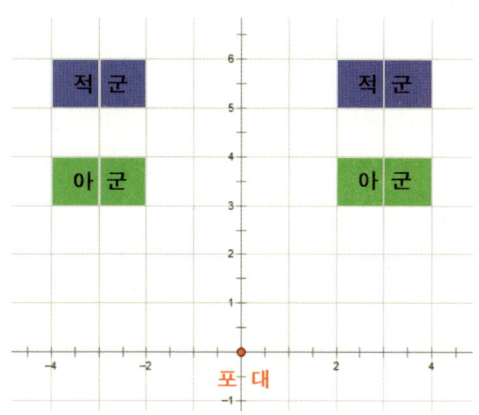

수학의 골든타임

다음으로, 직교좌표 또는 좌표평면이 가지고 있는 수학적 의미를 설명할게요.

• • •

직교좌표 이전의 수학을 '고전기하학',
직교좌표 이후의 수학은 '해석기하학'이라 부릅니다.

좌표평면은 수학의 역사에서 '과거'와 '현재'를 나누는 기준점입니다. 데카르트가 좌표평면을 만든 17세기 이전의 수학을 '고전기하학'이라 부르고, 17세기 이후를 '해석기하학'이라고 부릅니다.

• • •

좌표평면이
수학의 과거와 현재를 나누는 기준점이 되는 이유는 무엇일까?

좌표평면 이전, 즉 17세기 이전의 수학은 도형의 성질을 탐구하는 '기하학'이 중심이었습니다. 기하학은 현재 중학교 수학 교육과정에서 교과내용의 50% 정도를 차지할 정도로 비중이 높은데요. 우리가 앞에서 다뤘던 '원주율'이나 '피타고라스 정리'와 같은 도형의 성질도 모두 기하학입니다. 기하학은 "눈금 없는 자와 컴퍼스만을 이용하여 평면 위에 그린 도형의 성질을 탐구하는 학문"이고요.

6부 수학의 골든타임

• • •

**기하학은 도형에서 '영원히 변하지 않는 성질'을
탐구하는 학문이에요!!**

아르키메데스 이후에 2000년이 넘는 시간 동안 수많은 수학자들이 원주율의 근삿값을 계산하기 위해 노력한 이유도, 원주율이 원에서 찾은 영원히 변하지 않는 성질이기 때문입니다. 그런데 17세기 이후에는 도형을 백지가 아닌, 좌표평면 위에 나타내면서부터 수학에 큰 혁신이 일어납니다.

예를 들어, 직선과 원을 설명해 볼게요.

첫째, 직선!

백지 위에 '두 직선'을 그어 보세요.

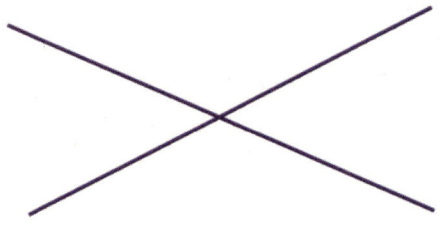

두 직선이 한 점에서 만나고 있을 뿐이고, 결국 두 직선은 움직여서 일치하게 만들 수 있기 때문에 '같은 직선'일 뿐입니다.

이번에는 '좌표평면' 위에 두 직선을 그려 볼게요!

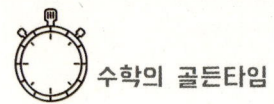 수학의 골든타임

좌표평면 위에 그린 두 직선은 각각이 지나는 좌표에 따라서 '함수' 또는 '방정식'으로 나타낼 수 있습니다. 그림에서 하나는 $y=x+1$ 이고, 다른 하나는 $y=-x+1$입니다.

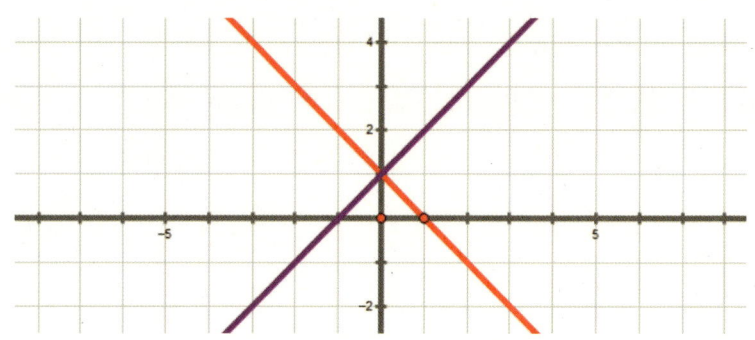

좌표평면 위에 그려진 두 직선은 서로 다른 직선입니다. 직선의 기울기가 다르고, 지나는 점들도 다릅니다. 또한, 각각을 서로 다른 함수 또는 방정식으로 표현할 수 있고요. 이처럼 좌표평면 위에 그려진 직선은 직선의 방정식으로 표현할 수 있고, 반대로 직선의 방정식을 좌표평면 위에 직선으로 나타낼 수도 있습니다.

둘째, 원!

먼저 백지 위에 반지름의 길이가 2인 두 개의 원을 그려 보겠습니다. 반지름의 길이가 같은 두 개의 원은 평행이동을 하면, 정확히 포개어질 수 있게 만들 수 있는데요. 결국, 백지 위에 그린 두 개의 원은 사실 '같은 원'이라고 할 수 있습니다.

고전기하학에서는 움직여서 일치하게 만들 수 있는 두 도형은 같은 성질을 갖기 때문에, 굳이 위치에 따른 차이를 두지 않습니다.

'두 개의 원은 사실 같은 원입니다!'

이번에는 '좌표평면' 위에 두 원을 그려 볼까요?

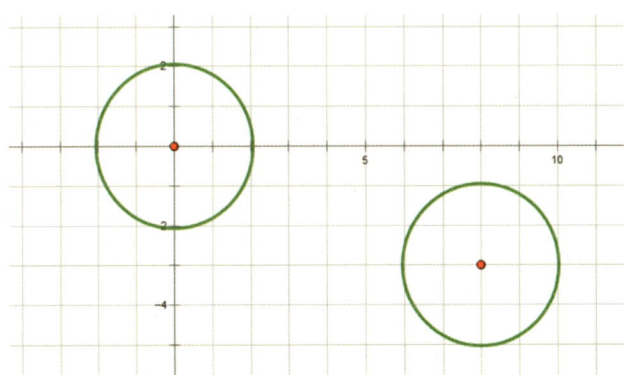

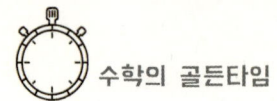
수학의 골든타임

좌표평면 위에 그린 두 개의 원은 중심의 위치와 반지름의 길이에 따라서 서로 다른 방정식으로 나타낼 수 있습니다.

그림에서 왼쪽 원의 방정식은 $x^2+y^2=4$, 오른쪽 원의 방정식은 $(x-8)^2+(y+3)^2=4$ 입니다. 이처럼 서로 다른 원의 방정식으로 나타낼 수가 있는데요. 반지름의 길이가 같아도 위치가 다르면, 완전히 서로 다른 두 개의 방정식으로 표현할 수 있습니다. 좌표평면 위에 그려진 두 원은 완전히 다른 도형입니다.

고전기하학은 도형이 가지고 있는 성질을 탐구하는데 그쳤던 반면에, 해석기하학은 좌표평면 위에 그려진 도형을 방정식으로 표현하고, 그 방정식으로 도형의 성질을 탐구할 수 있습니다. 수학의 중심이 기하학에서 방정식으로 이동한 건데요. 이런 변화의 출발점이 바로 좌표평면입니다.

· · ·

좌표평면이
기하학에서 방정식으로 수학의 중심을 옮겼습니다!!

함수의 그래프를 그리는 것이 중요할까요? 아니면 좌표평면이 가져온 수학의 혁신을 이해하는 것이 더 중요할까요? 이 질문에 대한 답은 1초의 망설임도 없이 후자입니다. 누구나 마찬가지일 거예요.

 중학교 1학년 과정에서는 '좌표평면이 가져온 수학의 혁신'을 주제로 조사하고, 탐구하고, 발표해 보면 어떨까요?

 이런 활동을 통해서, 아이들이 좌표평면이 불러온 수학의 혁신을 이해할 수 있다면, 이보다 더 좋은 공부는 없을 것입니다. 하지만 안타깝게도 대부분의 수업에서는 교과서나 문제집에 나오는 그림을 보면서, "이게 좌표평면이야!"라고 말하는 것으로 설명을 끝냅니다. 그리곤 좌표평면 위에 직선을 그리는 연습을 하는 거죠.

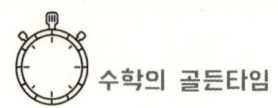# 수학의 골든타임

중1 - 작도와 합동

연계단원

중1 2학기 - 평면도형의 성질
중2 2학기 - 삼각형의 성질 / 피타고라스의 정리
중3 2학기 - 삼각비 / 원의 성질과 원주각

'작도'는 "눈금 없는 자와 컴퍼스만 사용하여 도형을 그리는 것"을 말합니다. 중학교 1학년 수업에서 학생들이 교구를 사용하여 실습을 할 수 있는 거의 유일한 단원인데요. '선분의 수직이등분선 작도', '평행선 작도' 등 순서에 따라서 도형을 그리는 연습을 합니다.

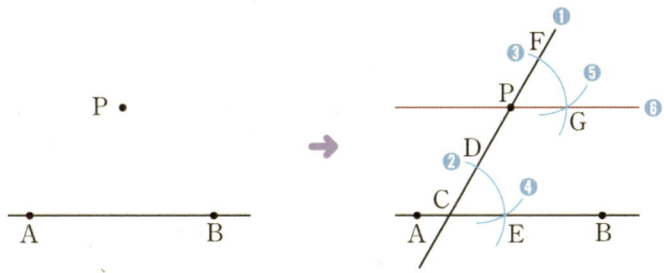

작도는 이제까지 배웠던 수학과는 매우 다른 느낌을 줍니다. 문제를 분석하고 풀이 과정을 서술하는 것이 아니라, 일정한 규칙과 순서에 따라 도형을 그리기 때문인데요. 교구를 사용해서 실습을 할 수 있는 몇 안 되는 소중한 단원입니다.

작도의 역사는 지금으로부터 2500여 년 전 고대 그리스시대까지 거슬러 올라갑니다. 당시 수학의 주류였던 기하학에서 도형을 그리는 방법이 바로 '작도'입니다. 작도를 배울 때 아이들이 가장 궁금해 하는 것이 있습니다.

• • •

왜 '눈금 없는 자'와 '컴퍼스'만을 사용하는 거예요?

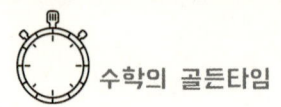

이 질문에 대한 답을 얻는 것이 작도에서 가장 중요한 학습목표가 되어야 합니다. 작도를 하다가 순서를 틀리는 건 전혀 문제가 되지 않습니다. 틀리면 다시 하면 되잖아요.

작도에서 눈금 없는 자와 컴퍼스만을 사용하는 이유를 설명하기 위해서는 고대 그리스시대의 철학자인 '플라톤'의 이야기를 해야 합니다.

플라톤은 모든 것이 완벽한 이상세계$_{Idea}$를 추구했습니다! 그가 꿈꿨던 이상세계는 "모든 것이 영원히 변하지 않거나, 죽지 않는 완벽한 세상"을 말하는데요. 모든 것이 변하고, 사라지고, 죽는 현실 세계와는 반대라고 생각하면 됩니다. 사실 우리가 살고 있는 현실 세계에서는 모든 것이 변하잖아요. 현실 세계는 거짓이고, 영원히 변하지 않는 이상세계야말로 참된 세계라고 믿었습니다.

'그런데, 한 가지 문제가 있습니다!'

현실 세계에 살고 있는 사람은 이상세계를 볼 수도 없고, 갈 수도 없는 거예요. 그렇다면 어떤 방법으로 이상세계를 탐구할 수 있을까요?

・・・

플라톤은 현실 세계에 남아 있는 영원불변의 성질을 찾음으로써 이상세계를 탐구할 수 있다고 생각했어요!

6부 수학의 골든타임

주위를 둘러봐도 현실 세계에서는 영원히 변하지 않는 것을 찾을 수가 없습니다. 우리가 잘 알고 있듯이, 모든 것들이 변하잖아요. 플라톤도 이런 사실을 잘 알고 있었습니다. 그래서 실제로는 존재하지 않는 '가상의 세계'를 만들었는데요. 그 가상의 세계가 바로 '기하학'입니다.

예를 들어 볼까요?

기하학에서 기본도형의 정의는 다음과 같습니다.

> 점 Point : 넓이는 없고 위치 Location 만 있는 도형
> 선 Line : 넓이는 없고 길이 Length 만 있는 도형
> 면 Plane : 넓이만 있고 부피 Volume 가 없는 도형

• • •

점, 선, 면을 작도할 수 있을까요?

기하학에서 정의된 기본도형을 그리는 것은 불가능합니다. 예를 들어, 백지 위에 '점'을 찍어 보세요.

•

가느다란 연필이나 펜으로 아주 작은 점을 찍어도 '넓이'가 생깁니다. 돋보기나 현미경으로 보면 그 점은 더욱 크게 보일 거예요.

'직선'도 마찬가지입니다.

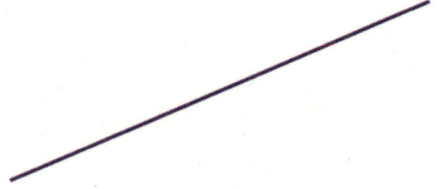

백지 위에 그려진 직선은 '길이'뿐만 아니라, '넓이'도 존재합니다. 같은 이유로 면을 작도하는 것도 불가능합니다. 그런데 모든 도형은 점, 선, 면으로 이뤄졌잖아요.

• • •

모든 도형은 가상의 세계에서만 존재합니다.

따라서 모든 도형은 현실 세계에서는 존재할 수 없는 추상적인 개념이고, 영원불변의 속성을 가지고 있는 거예요. 우리가 도형을 그리는 이유는, 도형을 시각화하여 탐구에 도움을 얻기 위함입니다. 어차피 도형을 그리는 순간, 그 도형은 기하학에서 정의하는 도형이 아닙니다.

기하학의 정의에 따라 도형을 그릴 때, '선분의 길이'와 같은 실체는 처음부터 관심의 대상이 아니었습니다. 그러니 길이를 측정하기 위한 '눈금'은 필요가 없겠죠. 다음으로, 컴퍼스는 원을 그리거나, 거리 또는 '각$_{Angle}$'을 옮길 때 필요한 도구이고요. 추상적인 개념인 도형을 그리는데 '눈금 없는 자'와 '컴퍼스' 이외에는 필요가 없습니다.

눈금 없는 자와 컴퍼스만으로 도형을 그리거나, 그 도형이 가지고 있는 영원불변의 성질을 찾고 증명하는 것이 바로 기하학입니다. 이와 같은 이유로 기하학은 플라톤이 꿈꾸는 이상세계를 탐구하는 가장 적합한 도구였던 겁니다.

다음으로 '합동 Congruence'에 대해 설명할게요.

2000년 이상 수학의 중심이었던 '기하학'은 '도형 속에서 영원히 변하지 않는 성질을 탐구하는 학문'이라고 했잖아요. 따라서 도형을 공부할 때는 이와 같은 기하학의 의미와 가치를 이해하는 것이 중요한 학습목표가 되어야 하는 거예요.

'영원불변의 성질'은 '참이라고 증명된 사실'을 의미합니다. 따라서 도형 또는 기하학의 의미와 가치를 이해하기 위해서는 반드시 '증명'을 해야 합니다.

예를 들어, "삼각형에서 세 각의 크기의 합은 $180°$이다."라는 성질의 의미와 가치를 이해하기 위해서는 이 성질이 '참'임을 증명할 수 있어야 하는 거예요.

・・・

도형에서 '증명'은 핵심 그 자체입니다.

수학의 골든타임

중학교 1학년 과정에서 배우는 도형의 성질에서 가장 중요한 개념은 '합동'입니다. 삼각형의 합동조건은 삼각형의 '작도조건' 세 가지와 내용이 같은데요. 평면 위에 그려진 삼각형들 중에서 위치를 옮겨서 서로 일치하는 경우를 '합동'이라고 부릅니다.

'합동도 영원불변의 성질입니다.'

따라서 합동조건이 참임을 증명하지 않으면, 그 의미와 가치를 알 수 없는 거고요.

삼각형의 합동조건은 중학교 2학년의 "삼각형의 성질" 단원에서 다시 다루는데요. 이등변삼각형이나 직각삼각형의 성질을 찾고 '참'임을 증명할 때 삼각형의 합동조건을 이용합니다.

'그런데 이상하지 않나요?'

사각형이나 오각형에서는 합동조건을 다루지 않잖아요! 삼각형에서만 두 도형의 합동을 다룹니다. 혹시 그 이유를 생각해 본적이 있나요?

• • •

삼각형에서만 합동조건을 다루는 이유는 뭘까?

나중에 공부를 해보면 알겠지만, 다각형 중에서는 삼각형이 가장 많은 성질을 가지고 있습니다. 또 모든 다각형은 대각선을 그어서 삼각형으로 나눌 수 있고요. 다시 말해서 삼각형은 모든 다각형을 구성하는 '원소'와 같다고 할 수 있는 거예요. 그러니 다각형의 기본이 되는 삼각형의 합동조건만 다루면 되는 겁니다.

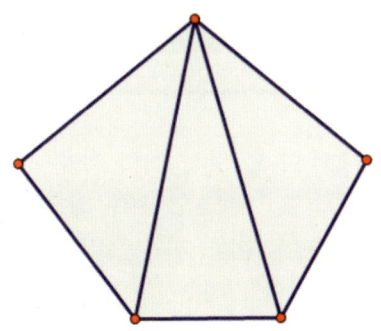

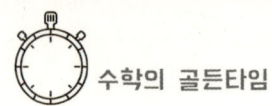

중2 - 일차함수와 그 그래프

연계단원

중2 1학기 - 일차함수와 일차방정식의 관계
중3 1학기 - 이차함수의 그래프와 최대 및 최소
고1 1학기 - 평면좌표(두 점을 지나는 직선, 수직과 평행, 점과 직선 사이의 거리, 원의 방정식)

중학교 2학년 과정에서는 '함수와 함숫값'을 정의하고, '일차함수와 그 그래프'를 좌표평면 위에 그리는 방법을 배웁니다. 함수는 중학교와 고등학교 수학에서 상당히 높은 비중을 차지하는

6부 수학의 골든타임

수학 개념으로, 함수개념을 정확하게 이해하지 못하면 이후의 수학 공부에서 학습결손이 누적될 가능성이 매우 높습니다.

> 두 변수 x, y에 대하여, x의 값이 변함에 따라 y의 값이 하나씩 정해지는 대응관계가 성립할 때, y를 x의 '함수'라고 한다.

처음 함수를 배우는 학생들은 함수개념을 이해하는데 어려움을 느끼곤 하는데요. 주어진 관계가 '함수인지 아닌지' 판단하는 기준을 명확하게 알려줄 필요가 있습니다.

> 함수판정의 두 가지 기준
> 첫째, 모든 x에 대하여
> 둘째, 대응하는 y의 값이 오직 하나만 존재

 **첫 번째 기준을 만족하지 않는 경우** ─────•

$\frac{1}{x}$의 값을 y라 할 때, x의 값이 0일 때 대응하는 y값이 존재하지 않으므로 함수가 아닙니다. 단 $x \neq 0$인 조건이 있으면 함수가 됩니다.

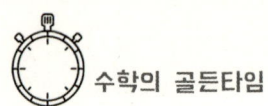 수학의 골든타임

x	0	1	2	3	4	⋯
y	.	1	$\frac{1}{2}$	$\frac{1}{3}$	$\frac{1}{4}$	⋯

 **두 번째 기준을 만족하지 않는 경우** ———•

자연수 x의 '약수'를 y라 할 때, x의 값이 변함에 따라 y의 값이 하나씩 정해지지 않으므로 함수가 아닙니다.

x	0	1	2	3	4	⋯
y	1	1, 2	1, 3	1, 2, 4	1, 5	⋯

함수를 기호로 표현하는 것에서도 혼란을 겪는 학생들이 의외로 많습니다.

$$y\text{가 } x\text{의 함수일 때, } y=f(x)$$

$f(x)$가 'x에 관한 식'이라는 것은 큰 무리 없이 받아들이는 반면에, 같은 함수를 두 가지 방법으로 표현하는 이유를 이해하는 것은 어렵습니다.

예를 들어 볼게요.

다음의 두 함수는 서로 같습니다.

$$y = 2x - 1, \ f(x) = 2x - 1$$

'두 함수가 서로 같다면서 굳이 두 가지로 표현하는 이유가 뭘까요?'

y 대신에 $f(x)$를 사용하는 경우는 'x의 값에 수를 대입'하는 '함숫값'을 계산할 때뿐입니다. 예를 들어, x의 값이 2일 때의 함숫값은

$$f(2) = 2 \times 2 - 1 = 3$$

과 같이 구할 수 있는 거예요.

일차함수 $y = ax + b$의 그래프도 수포자를 양산하는 수학의 골든타임인데요. 일차함수의 그래프는 '직선'이라는 사실에서 '직선의 결정조건'을 이해하고 있어야 합니다.

· · ·

서로 다른 두 점을 지나는 직선은
오직 하나 존재한다.

따라서 함숫값을 계산해서 일차함수를 만족하는 서로 다른 두

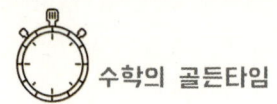 수학의 골든타임

개의 점을 찾고, 자를 이용해 두 점을 지나는 직선을 그리면 되는데요. 일차함수의 그래프를 그리기 위해 서로 다른 두 점을 찾는 방법은 크게 세 가지가 있습니다.

> 서로 다른 두 점을 찾는 방법
> x절편과 y절편을 두 점으로 이용하는 방법
> 기울기와 y절편을 이용하는 방법

이 중에서 '기울기와 y절편을 이용하는 방법'을 가장 어려워합니다. 일차함수 $y=ax+b$에서 x의 계수 a를 '기울기', 상수항 b를 'y절편'이라고 하는데요. 기울기와 y절편을 이용해서 직선 위의 서로 다른 두 점을 찾아야 합니다.

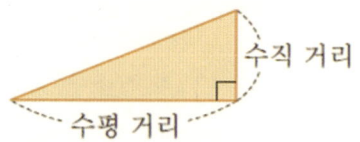

'기울기'는 '수평선에 대해 직선이 기울어진 정도'를 의미합니다.

좌표평면 위에 그려진 직선의 기울기는 다음과 같이 정의하고 있는데요. 이때 분모인 x의 증가량을 항상 '양수'로 만들면 그래프를 그리는데 도움이 됩니다.

$$\frac{\text{수직 거리}}{\text{수평 거리}} = \frac{y\text{의 증가량}}{x\text{의 증가량}}$$

예를 들어, $y=-\frac{4}{3}x+2$의 그래프를 그려 볼까요?

y절편이 2이므로 점$(0, 2)$를 지나고요. 기울기가 $-\frac{4}{3}$이므로 $a=\frac{-4}{3}$이라 하면, 'x의 증가량은 3'이고 'y의 증가량은 -4'입니다. y절편인 점$(0, 2)$을 출발점으로 하여, 두 번째 점$(3, -2)$를 찾을 수 있습니다.

서로 다른 두 점 $(0, 2)$와 $(3, -2)$를 좌표평면 위에 표시한 후에 자를 이용해서 두 점을 지나는 직선을 그리면, 일차함수 $y=-\frac{4}{3}x+2$의 그래프가 완성됩니다.

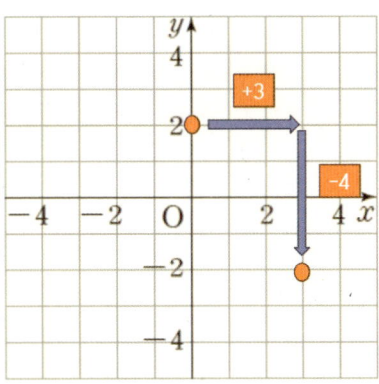

 수학의 골든타임

중2 - 삼각형의 성질

연계단원

중2 2학기 - 피타고라스 정리
중3 2학기 - 삼각비

중학교 2학년 과정에서 배우는 '삼각형의 성질' 단원에서 학생들은 처음으로 수학적으로 엄밀한 증명을 접하게 되는데요. '증명'은 학생들이 어려워한다는 이유로 대부분 교육과정에서 제외했고, 시험에서도 다루지 말 것을 권고하고 있습니다.

저도 학생들이 증명을 어려워한다는 것은 인정합니다. 하지만 학생들이 2500여 년 전의 고대 그리스 수학이 아직까지 살아남은 이유를 알아야 한다고 생각합니다. 바로 참이라고 증명된 사실이기 때문인데요. 참이라고 증명된 사실들은 시간이나 공간의 제약을 받지 않고, 항상 참이 되기 때문입니다.

• • •

2500년 이상 지속된 기하학의 가치와 힘은
엄밀한 증명에서 나옵니다.

수학은 "영원히 변하지 않는 성질을 탐구하는 학문"이라고 했죠! '삼각형의 성질' 단원의 학습 목표는 이와 같은 수학의 의미와 가치를 이해하는 것이 되어야 합니다. 아이들이 증명을 어려워하고 싫어하는 이유는 증명의 의미와 가치는 설명하지도 않은 채, 기계적으로 증명과정을 서술하도록 강요하기 때문인데요. 학생들을 가르치는 선생님들 중에서도 증명의 의미와 가치에 대해서 제대로 이해하고 있지 못하는 분들이 많습니다.

삼각형의 성질에서 배우는 영원불변의 성질을 찾아볼게요. 먼저 이등변삼각형의 정의는 "두 변의 길이가 같은 삼각형"이고요. 대표적인 성질은 다음과 같습니다.

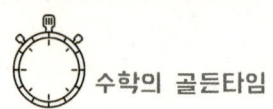

이등변삼각형의 두 밑각의 크기는 같다.

 이 성질은 시간적, 공간적 제한을 받지 않고, 영원히 변하지 않습니다. 지구로부터 500만 광년 거리에 있는 행성에 살고 있는 외계인이 있다고 생각해 보세요. 이 외계인이 평면에 이등변삼각형을 그릴 수 있다면, 외계인이 그린 이등변삼각형도 두 밑각의 크기는 같습니다.

 이 성질이 참임을 증명하는 방법은 '하나의 보조선을 그어 두 개의 삼각형을 만들고, 두 개의 삼각형이 합동'임을 보이는 건데요. 교과서의 설명은 다음과 같습니다.

$\angle B = \angle C$인 $\triangle ABC$에서 $\angle A$의 이등분선과 변 BC가 만나는 점을 D라고 하자.
$\triangle ABD$와 $\triangle ACD$에서
　　　$\angle B = \angle C$,
　　　$\angle BAD = \angle CAD$　……①
이고, 삼각형의 세 내각의 크기의 합은 $180°$이므로
　　　$\angle ADB = \angle ADC$　……②
이다. 또,
　　　$\overline{AD}$는 공통　……③
이므로 ①, ②, ③에서 $\triangle ABD \equiv \triangle ACD$(ASA 합동)이다.
따라서 $\overline{AB} = \overline{AC}$이다. 즉, $\angle B = \angle C$인 $\triangle ABC$는 이등변삼각형이다.

 '증명의 의미와 가치는 무엇일까요?'
 문자와 기호를 사용하여 엄밀한 증명을 하는 것만큼이나, 중요

한 것이 있는데요. 그것은 '엄밀한 증명이 가지는 의미와 가치'가 무엇인지 이해하는 겁니다.

• • •

증명이 없으면
영원불변의 성질도 없습니다!

참이라고 증명되지 않은 성질은 영원불변의 속성을 가졌는지 알 수 없습니다. 증명의 가치를 이해하지 못했던 세계 4대문명의 수학은 문명의 쇠락과 함께 생명을 다했습니다. 반면에 참이라고 증명된 사실들만을 인정했던 고대 그리스의 수학은 현재까지 살아남아 과학문명의 토대가 되었고, 앞으로도 영원히 사라지지 않을 겁니다.

'인류 역사상 가장 위대한 천재가 당신 앞에 있다고 생각해 보세요!'

아르키메데스, 뉴턴, 가우스, 아인슈타인 등 누구라도 상관없습니다. 당신이 인류 역사상 가장 위대한 천재 앞에서 "이등변삼각형의 두 밑각의 크기는 서로 같음"을 증명을 한 거예요. 만약에 당신의 증명이 논리적인 오류가 없이 완벽하다면, 어떤 천재라도 당신의 증명에 이의를 제기할 수가 없습니다.

'이게 바로 증명의 힘입니다!'

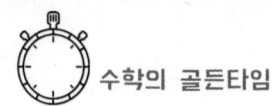

　이런 증명의 가치와 힘을 이해하는 것이, 중학교 2학년 '삼각형의 성질'의 핵심적인 학습 목표가 되어야 합니다.

　삼각형의 성질을 포함해서 도형의 성질을 수업하거나 공부할 때, 도움이 될 만한 한 가지 팁을 드릴게요. 물론 자와 컴퍼스를 이용해서 직접 손으로 도형을 그리는 것도 좋지만, 무료로 사용할 수 있는 '수학 프로그램'을 이용하면 재미도 있고, 학습효과도 높일 수 있습니다. 대표적인 무료 수학프로그램이 '지오지브라Geogebra'인데요. '크롬Chrome'에서 '지오지브라'를 검색하면 무료로 프로그램을 다운로드 받을 수 있는 홈페이지를 찾을 수 있습니다.

　처음 배우는 분들을 위해 YouTube에 초보자를 위한 지오지브라 학습 동영상을 올려놨습니다. 5분 내외의 짧은 동영상을 보면서 무작정? 따라하다 보면 어렵지 않게 기본 기능을 익힐 수 있을 겁니다. 유튜브에서 "수학귀신 지오지브라"를 검색하면 동영상을 보실 수 있습니다.

6부 수학의 골든타임

중3 - 근의 공식

연계단원

중3 1학기 - 이차함수의 그래프와 최대 및 최소
고1 1학기 - 복소수와 이차방정식(근의 공식, 근과 계수와의 관계)
고1 1학기 - 여러 가지 방정식과 부등식

일반인들을 대상으로 실시한 설문결과가 있습니다.
"가장 기억에 남는 수학 개념은 무엇입니까?"
중·고등학교 시절에 배웠던 수학 내용들 중에서 가장 기억에

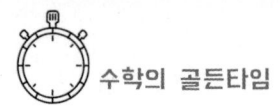

남는 수학 개념이 무엇인지 물었는데요. '피타고라스 정리'가 가장 많았고, 두 번째가 '근의 공식'이었습니다. 저는 많은 사람들이 기억하는 피타고라스 정리나 근의 공식이야말로, 수학의 의미와 가치를 이해시킬 수 있는 중요한 도구라고 생각합니다.

'많은 사람들이 기억하고 있는 피타고라스 정리와 근의 공식을 수학의 핵심 상품으로 만들면 어떨까요?'

예를 들어, 삼성이나 애플하면 먼저 떠오르는 것이 스마트폰이잖아요! 이런 대표상품이 그 회사의 전체적인 이미지를 좌우하고요.

'수학도 마찬가지 아닐까요?'

수학하면 떠오르는 이미지가 피타고라스 정리와 근의 공식이라면, 아이들에게 피타고라스 정리와 근의 공식이 가지는 수학적 의미와 가치를 이해시키는 것에 집중하는 겁니다.

"맞아! 피타고라스 정리는 현대수학에서 거리 개념의 기초가 됐어!"

"근의 공식은 완전제곱식을 이용해서, 이차식을 일차식으로 만든 거야!"

피타고라스 정리와 근의 공식처럼 중학교 수학을 대표하는 수학 개념들을 공부할 때는, 좀 더 많은 시간을 할애할 필요가 있습니다. 수학사적인 의미, 정리의 증명에 얽힌 이야기들, 정리가 갖는 의미와 가치 등등. 단순히 증명하고 외우는 식의 공부로 끝낼 일이 아니라 생각합니다.

이차방정식 $ax^2+bx+c=0$ $(a\neq 0)$ 에서

$$x=\frac{-b\pm\sqrt{b^2-4ac}}{2a}$$

근의 공식은 '이차방정식의 근을 구하는 식'을 말하는데요. 근의 공식을 이용하면 인수분해과정을 거치지 않고도 정확하게 두 개의 근을 구할 수 있습니다.

물론 중학교에서는 실수범위에서만 근을 구하는데요. 복잡한 인수분해 과정을 거치지 않고도 모든 이차방정식의 근을 구할 수 있기 때문에, 학생들에게 강한 인상을 주는 것이라 생각됩니다.

'근의 공식을 이용하면 문제를 쉽게 풀 수 있어요!'

근의 공식을 기억하는 대부분의 사람들이 근의 공식에 대한 느낌은 같을 겁니다. 이렇다 보니 근의 공식을 암기의 대상으로 인식하는 아이들이 많은데요. 근의 공식이 갖는 수학적 의미와 가치는, 이차방정식에서 근의 공식을 유도하는 과정에 있음을 기억해주기 바랍니다.

· · ·

근의 공식을 유도하는 과정을 이해하는 것이 중요합니다!

근의 공식을 외우는 것은 그 다음이고요.

x에 관한 이차방정식을 변형하여, x의 값을 이차방정식의 계

수들만으로 나타내는 거잖아요. 더욱이 근의 공식을 유도하는 과정이 논리적으로 엄밀하기 때문에, 그 결과인 근의 공식은 항상 참이 되는 겁니다. 그리고 근의 공식을 유도하는 과정 자체가 문자와 기호를 사용하여 논리적으로 서술하는 연습이 될 수 있습니다. 이 점을 생각하면서 같이 해보죠.

이차방정식 $ax^2+bx+c=0\ (a\neq 0)$에서

$$a\left(x^2+\frac{b}{a}x\right)+c=0$$

좌변의 괄호 안을 완전제곱식으로 변형하면

$$a\left(x^2+\frac{b}{2a}x+\frac{b^2}{4a^2}-\frac{b^2}{4a^2}\right)+c=0$$

$$a\left(x^2+\frac{b}{2a}x+\frac{b^2}{4a^2}\right)=\frac{b^2}{4a}-c$$

$$a\left(x+\frac{b}{2a}\right)^2=\frac{b^2-4ac}{4a}$$

양변을 a로 나누면

$$\left(x+\frac{b}{2a}\right)^2=\frac{b^2-4ac}{4a^2}$$

제곱근의 성질에서

$$x+\frac{b}{2a}=\pm\frac{\sqrt{b^2-4ac}}{2a}$$

$$\therefore x=\frac{b\pm\sqrt{b^2-4ac}}{2a}$$

문자와 기호를 사용하여 근의 공식을 유도하는 과정은 완벽하고 아름답습니다. 이런 과정을 서술하는 것 자체가 수학의 의미와 가치를 경험하는 거고요. 따라서 교과서를 보고 과정을 그대로 따라 쓰는 것도 큰 의미가 있습니다.

중3 – 삼각비(Sin, Cos, Tan)

연계단원

고2 수학Ⅰ – 삼각함수, 사인법칙과 코사인법칙

수학에서 사용하는 수많은 숫자들 중에서 '이름'을 가진 숫자는 두 개밖에 없습니다.

'이름이 있는 숫자가 뭐야?'

아이들에게 이름이 있는 숫자가 뭔지 물으면, 대부분 두 개 중의 하나는 정확하게 말을 합니다.

6부 수학의 골든타임

$$\text{원주율 } \pi = 3.141592\cdots$$

원주율의 의미를 모르는 사람은 있어도, 숫자 '3.14'를 모르는 사람은 거의 없을 거예요. 또 수 3.14의 이름이 'π(파이)'라는 것도 대부분 알고 있고요.

그럼 다른 하나의 수는 무엇일까요?

고등학교 2학년 '수학 I '의 '로그' 단원에서 나오는 수가 하나 있는데요. 바로 자연상수 'e'입니다.

$$e = \lim_{n\to\infty}\left(1+\frac{1}{n}\right)^n = 2.71828182845\cdots$$

원주율 π와 e는 모두 무리수라는 공통점이 있습니다. 반면에 차이점도 있는데요. 원주율에 대한 기록은 대략 4000년 전부터 찾아볼 수 있는 반면에, e는 17세기 이후에나 등장합니다.

π와 e와는 좀 다르지만, 허수 i도 이름?이 있는 수라고도 볼 수 있습니다. 세 개의 수 π, e, i는 매우 난해한 수들인데요. 신기하게도 π, e, i가 모두 포함된 수식이 하나 있습니다. 그 식을 주제로 만든 영화도 있고요.

일본영화 "박사가 사랑한 수식"입니다.

영화 속에 나오는 수학박사는 일정한 시간 이전을 기억하지 못하는 부분기억상실증에 걸렸는데, 신기하게도 한 가지 수식은

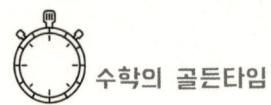 수학의 골든타임

또렷하게 기억하는 거예요. 그는 이 수식을 "세상에서 가장 아름다운 수식"이라고 부릅니다.

$$e^{\pi i} = -1$$

세상에서 제일 복잡한 세 개의 수 e, π, i로 만들어진 수 $e^{\pi i}$가 '-1'이라는 너무도 간단한 값을 가지는 거예요. 아름다워 보이지 않나요?!

• • •

$e^{\pi i} = -1$은

복잡한 세상을 관통하는

자명한 이치가 있음을 보여주는 것 같습니다!!

π와 e가 숫자에 이름을 붙인 것인 반면에, '함수' 또는 '비$_{Ratio}$'에 이름을 붙인 대표적인 것이 바로 '삼각비'입니다. 삼각비는 고등학교에서 배우는 삼각함수를 정의하는 기본개념으로, 수포자를 양산하는 대표적인 수학의 골든타임입니다.

삼각비는 '사인$_{Sine}$', '코사인$_{Cosine}$', '탄젠트$_{Tangent}$' 등의 생소한 이름으로 인해서, 처음 배울 때부터 어렵다는 느낌을 받는데요. 직각삼각형의 '한 내각의 크기'와 '세 변의 길이'를 이용한 정의는 다음과 같습니다.

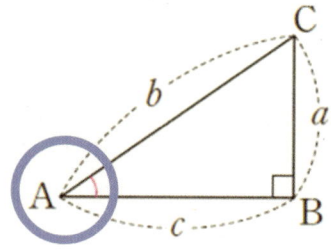

$$\sin A = \frac{\text{높이의 길이}}{\text{빗변의 길이}} = \frac{a}{b}$$

$$\cos A = \frac{\text{밑변의 길이}}{\text{빗변의 길이}} = \frac{c}{b}$$

$$\tan A = \frac{\text{높이의 길이}}{\text{밑변의 길이}} = \frac{a}{c}$$

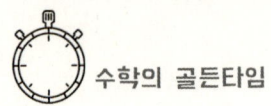

이 삼각비도 닮은 도형이 갖는 성질에서 찾은 영원히 변하지 않는 성질입니다.

• • •

서로 닮음인 모든 직각삼각형에서 삼각비의 값은 항상 같습니다!!

다음 그림과 같이 $\angle A$가 공통인 직각삼각형 $\triangle ABC$, $\triangle ADE$, $\triangle AFC$, …는 모두 닮은 도형인데요. 닮은 도형에서 '대응하는 변의 길이의 비'는 항상 같습니다.

삼각비는 대응하는 변의 길이의 비에 'sin$A$', 'cos$A$', 'tan$A$'라는 이름을 붙인 거예요.

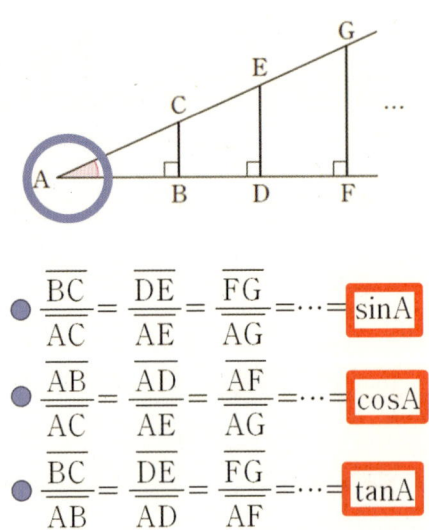

세 개의 삼각비의 값이 비슷해서 헷갈리는 경우가 있는데요. 쉽게 외우고, 오래 기억하기 위해서 각 삼각비의 머리글자 's', 'c', 't'를 이용하곤 합니다.

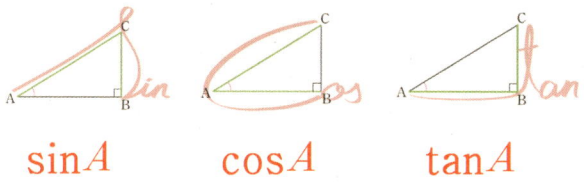

$\sin A$ $\cos A$ $\tan A$

세 개의 삼각비 중에서 가장 많이 사용하는 것이 $\tan A$입니다. 나무나 건물의 높이를 측정하는 활용문제에서 자주 사용하는데요. 중학교에서 배우는 수학 개념 중에서, 실생활 문제의 해결에 적용할 수 있는 몇 안 되는 개념 중의 하나입니다.

아이들이 삼각비를 어렵게 느끼는 것은 sin, cos, tan 등과 같이 이름 자체가 어려워 보이기 때문이라는 생각이 듭니다. 더욱이 동시에 세 개씩이나 등장하기도 하고요. 하지만, 삼각비의 정의는 매우 간단합니다. 직각삼각형에서 두 변의 길이의 비를 나타낸 것뿐이에요. 미리 겁먹을 필요가 전혀 없습니다!

고1 – 고등학교 수학

중학교 수학과 고등학교 수학의 차이점

고등학교 수학은 전체가 수포자를 양산하는 수학의 골든타임이라고 해도 무방할 정도로 어렵고, 또 공부할 내용도 무척 많습니다. 특히, 고등학교 1학년 수학의 내용은 중학교 3년 동안 배우는 수학 내용보다 많고, 난이도 또한 높고요.

"고등학생이 되었으니, 열심히 공부해야지!"

대부분의 아이들이 고등학생이 되면 마음을 다잡고 열심히 공부를 합니다. 하지만, 열심히 공부해도 성적은 오르지 않고, 진도를 쫓아가기도 힘들어 하는데요. 결국, 1학년 1학기가 끝나갈 무렵에는 60%에 가까운 학생들이 수학을 포기하게 됩니다.

2018년 '사교육 걱정 없는 세상'이라는 단체에서 전국 초·중·고등학생 7,719명을 대상으로 '수학을 포기한 학생'에 대한 조사결과를 다시 볼게요.

수학을 포기한 학생 비율		
초등학교	중학교	고등학교
36.5%	46.2%	59.7%

고등학교 수포자 비율이 중학교에 비해서 13.5%나 증가합니다. 초·중·고등학교 12년 동안 수학을 공부하잖아요. 그런데 마지막 3년을 남겨두고 10명 중 6명이 수학을 포기하는 거예요. 사실 학교 현장에서 느끼는 수포자 비율은 이것보다 훨씬 더 높습니다.

• • •

고등학생들의 수포자 비율이
이렇게 높은 이유는 무엇일까요?

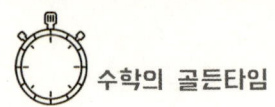 수학의 골든타임

'도대체 학교가 아이들에게 무슨 짓을 하고 있는 걸까요?'

수포자를 양산하는 학교교육이라는 비난에 대해서 제대로 된 항변이나 할 수 있을까, 하는 의문이 듭니다. 고등학생들의 수포자 비율이 이렇게 높은 이유는 무엇일까요? 이 질문에 대한 답은 크게 세 가지로 생각해 볼 수 있습니다.

첫 번째는 난이도와 학습량입니다.

먼저 고등학교 1학년 수학에 국한해서 생각해 보죠. 중학교 수학에 비해 고등학교 1학년 수학의 난이도는 매우 높은 편으로, 어느 하나 만만한 단원이 없습니다. 다음으로, 학습량은 더 심한데요. 고등학교 1학년 과정에서 배우는 수학 학습량은 중학교 3년 동안 배우는 수학 학습량보다 많습니다. 어려운데다가 학습량도 많으니, 아이들의 학습부담은 몇 배가 높아지겠죠. 더욱이 아이들이 수학만 공부하는 것도 아니잖아요. 고등학교에서 배우는 모든 과목이 어려워지고, 학습할 내용도 많아집니다. 이와 같은 이유로, 고등학교에 입학하기 전에 고등학교 1학년 수학을 3회 반복 학습할 필요가 있는 겁니다.

• • •

예습은 선택이 아닌 필수입니다!

두 번째는 자발적 수포자의 증가입니다.

아이들 입장에서 수학은 많은 시간을 투자해도 성적이 오르지 않는 과목입니다. 고등학교에 입학하기도 전에 수학실력의 차이는 이미 벌어져 있고, 대부분의 아이들이 열심히 공부하기 때문에 등수 또는 등급의 변화를 기대하기는 어렵습니다.

이럴 바엔 차라리 수학을 포기하고, 다른 과목에 시간을 투자하는 것이 입시에 유리할 수 있는데요. 현명한 판단이라고 생각합니다. 저는 이처럼 입시에 좀 더 유리한 과목을 공부하기 위해 수학을 포기하는 아이들을 '자발적 수포자' 또는 '현명한 수포자'라고 부릅니다.

세 번째는 수학 공부 방법이 잘못되었기 때문입니다.

중학교 3년 동안의 수학 공부는 '문자와 기호를 사용하여 증명 또는 풀이 과정을 논리적으로 서술하는 능력'을 기르는 것에 집중해야 한다고 설명했죠!

하지만 아직도 많은 학생들이 풀이 과정을 논리적으로 서술하는 연습에 중점을 두지 않고, 적당한 계산을 통해 답을 얻는 방식으로 공부를 하는데요. 이런 식의 공부로는 수학실력이 향상되지 않을 뿐만 아니라, 고등학교 수학을 공부할 수도 없습니다.

'수학 능력은 문자와 기호를 사용하여 풀이 과정을 논리적으로 서술하는 능력을 의미합니다!'

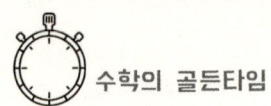 수학의 골든타임

따라서 수학 능력을 기르기 위해서는 중학교 3년 동안, 수학노트에 풀이 과정을 정리하는 습관을 들여야 합니다. 풀이 과정을 논리적으로 서술하는 것에 익숙해진 학생만이 고등학교 수학 공부도 가능하다는 것을 꼭 기억해야 합니다.

• • •

수학 공부의 핵심은
문자와 기호를 사용하여 풀이 과정을 논리적으로 서술하는
능력을 기르는 겁니다.

6부 수학의 골든타임

고1 – 여러 가지 방정식과 부등식

연계단원

미분과 적분 – 다항함수의 미분과 적분

고등학교 1학년 1학기에 배우는 '여러 가지 방정식과 부등식' 단원에서는 '고차방정식', '절댓값이 있는 방정식과 부등식', '연립방정식과 연립부등식' 등을 배우는데요. 각각의 수학 개념들이 하나같이 어렵습니다. 이럴 때일수록 '수학 개념의 완벽한 이해'와 '논리적인 표현'에 집중해야 합니다.

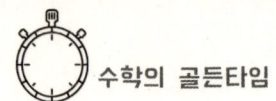
수학의 골든타임

고차방정식에서는 '삼차방정식'과 '사차방정식'을 배우는데요. 이차방정식에서와 같은 근의 공식은 없습니다. 그렇다고 어렵기만 한 건 아닙니다. 고차방정식에서는 일차식 또는 이차식으로 인수분해 되는 방정식만 다루거든요. 고차방정식의 인수분해에서는 '인수정리'나 '조립제법'을 사용할 수 있어야 합니다.

고등학교에서는 수 체계가 '복소수 Complex number'까지 확장됩니다. 실수뿐만 아니라 허수 i를 사용하여 해를 표현하는데요. 고차방정식에서는 삼차방정식의 3개의 근, 사차방정식은 4개의 근을 모두 구해야 합니다. 따라서 고차방정식을 해결하기 위해서는 '근의 공식', '인수정리', '조립제법'을 이해하고, 또 사용할 수 있어야 합니다.

• • •

하나의 문제를 해결하기 위해 여러 개의 수학 개념을 적용하는 것이 고등학교 수학의 특징입니다!

고차방정식에서는 고차방정식의 해 또는 근이 갖는 의미를 이해하는 것이 중요한데요. 이를 위해서는 고차함수와 연계해서 이해할 필요가 있습니다. 또한, 근의 공식, 인수정리, 조립제법을 이용해서 구한 고차방정식의 해가 어떤 의미를 갖는지 이해하는 것이 중요합니다.

예를 들어 볼게요.

[문제] 삼차방정식 $x^3-2x^2-5x-2=0$ 을 푸시오.

풀이

$P(x)=x^3-2x^2-5x-2$ 로 놓으면
$P(-1)=0$ 이므로 $x+1$ 은 $P(x)$ 의 인수이다. 조립제법을 이용하여 $P(x)$ 를 인수분해하면
$$P(x)=(x+1)(x^2-3x-2)$$
즉, 주어진 방정식은 $(x+1)(x^2-3x-2)=0$ 이므로
$$x+1=0 \text{ 또는 } x^2-3x-2=0$$
따라서 $x=-1$ 또는 $x=\dfrac{3\pm\sqrt{17}}{2}$

삼차방정식의 세 근을 모두 구했는데요.

'세 근의 의미는 무엇일까요?'

세 근의 의미를 이해하기 위해서는 방정식을 함수로 나타내고, 그 그래프를 그릴 수 있어야 합니다.

$$\begin{aligned}f(x)&=x^3-2x^2-5x-2\\&=(x+1)(x^2-3x-2)\\&=(x+1)\left(x-\dfrac{3+\sqrt{17}}{2}\right)\left(x+\dfrac{3+\sqrt{17}}{2}\right)\end{aligned}$$

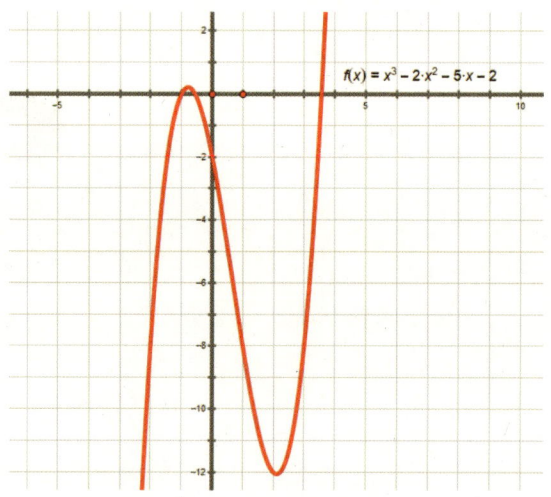

　삼차함수의 그래프에서 보듯이 삼차방정식의 세 근은 '삼차함수의 그래프와 x축과의 교점의 x좌표들'입니다.

　앞에서 17세기 데카르트가 만든 '좌표평면'이 수학의 과거와 현재를 나누는 중요한 기준점이 된다고 설명했죠. 고차방정식도 좌표평면에 그려지는 그래프의 성질을 탐구하는 해석기하학에 해당하는데요. 방정식과 함수의 그래프 사이의 관계를 이해하는 것이 무엇보다 중요합니다.

· · ·

고차방정식의 해는 고차함수의 그래프와
x축과의 교점의 x좌표입니다!

6부 수학의 골든타임

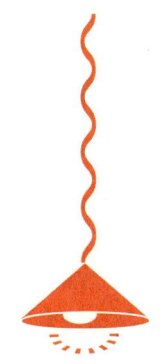

고1 - 합성함수와 역함수

연계단원

미분과 적분 - 다항함수의 미분과 적분

'함수'에 대한 정의는 중학교 2학년 교육과정에서 처음 배우는데요. 정의가 매우 간단합니다.

> 두 변수 x, y에 대하여, x의 값이 변함에 따라 y의 값이 하나씩 정해질 때, y를 x의 '함수'라고 한다.

중학교에서는 '집합$_{Set}$'을 배우지 않습니다. 따라서 집합으로 정의되는 '정의역', '치역', '공역'과 같은 개념을 사용할 수 없는데요. 이 때문에 함수의 의미를 정확하게 이해하는데 어려움을 겪습니다. 사실 집합의 정의를 사용하지 않고 함수를 정의한다는 것 자체가 조금 억지스러운 일입니다. 반면에 고등학교에서는 집합 개념을 사용하여 함수를 보다 명확하게 정의할 수 있습니다.

> 집합 X의 각 원소에 집합 Y의 원소가 오직 하나씩만 대응할 때, 이 대응을 집합 X에서 집합 Y로의 '함수'라고 한다. 이 함수를 f라고 할 때, 이것을 기호로
> $$f : X \to Y$$
> 와 같이 나타낸다. 이때 집합 X를 함수 f의 '정의역', 집합 Y를 함수 f의 '공역'이라고 한다.
> 또, 함수 $f : X \to Y$에서 정의역 X의 원소 x에 공역 Y의 원소 y가 대응할 때, 이것을 기호로
> $$y = f(x)$$
> 와 같이 나타내고 $f(x)$를 함수 f의 x에서의 함숫값이라고 한다. 이때 함숫값 전체의 집합, 즉 $\{f(x) | x \in X\}$를 함수 f의 치역이라고 한다. 따라서 함수 $f : X \to Y$의 치역은 공역 Y의 부분집합이다.

처음 고등학교에서 함수개념을 배울 때는 좀 당황스러울 수밖에 없습니다. 다양한 문자와 기호를 사용하기 때문이기도 하지

만, 무엇보다 집합 개념을 정확하게 이해하지 않고서는 함수의 정의를 이해할 수 없기 때문입니다. 집합개념을 이용하여 정의역, 공역, 치역을 정의하는데요. 각각의 의미를 이해하고 집합으로 표현할 수 있어야 합니다.

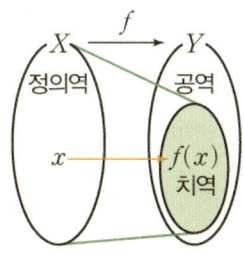

'함수가 갖는 수학적 의미는 매우 큽니다!'
17세기 데카르트가 직교좌표를 도입한 이후에 비약적으로 발전한 해석기하학의 중심에 함수가 있습니다.

• • •

함수는 현대수학의 핵심입니다.

함수가 없으면, 현대수학도 없다고 해도 지나친 과언이 아닙니다. 당연히 현대수학의 기반 위에 세워진 정보과학기술과 우주과학도 지금처럼 발전하기 어려웠고요.
함수개념은 자연과학뿐만 아니라, 인문·사회과학분야에 까지

수학의 골든타임

널리 사용되고 있는데요. 어떤 현상의 원인과 결과를 연구하는 분야에서는 어김없이 함수를 사용하고 있습니다. 이와 같은 이유로 중·고등학교에서는 다양한 함수를 정의하고, 함수와 방정식을 중요한 교육내용으로 다루고 있는 겁니다.

함수개념을 이해한 후에는 개념을 확장하는 측면에서 '합성함수와 역함수'를 배웁니다. 합성함수와 역함수의 '존재조건'을 이해하는 것이 핵심목표이고요. 고등학교에서는 매우 다양한 함수를 배웁니다. 복잡한 함수들끼리의 합성함수를 구하고, 더 나아가 정의역에 따른 합성함수의 그래프를 그리는 문제는 모든 학생들이 어려워하는 내용입니다.

> **합성함수의 정의**
> 두 함수 $f : X \to Z, g : Z \to Y$가 주어졌을 때, 집합 X의 임의의 원소 x에 집합 Y의 원소 $g(f(x))$가 대응하게 하여 X를 정의역, Y를 공역으로 하는 새로운 함수를 정의할 수 있다. 이 함수를 f와 g의 합성함수라고 하고, 이것을 기호로
> $$g \circ f$$
> 와 같이 나타낸다.

이와 같이 정의된 합성함수를 표현하는 방법이 중요합니다. 다음으로, 함수의 합성에서는 교환법칙이 성립하지 않습니다.

> 두 함수 $f : X \to Z$와 $g : Z \to Y$의 합성함수
> $g \circ f : X \to Y$의 x에서의 함숫값을
> $$(g \circ f)(x)$$
> 와 같이 나타낸다.
> 이때 X의 임의의 원소 x에 Y의 원소 $g(f(x))$가 대응하므로
> $$(g \circ f)(x) = g(f(x))$$
> 가 성립한다. 따라서 f와 g의 합성함수를
> $$y = g(f(x))$$
> 와 같이 나타내기도 한다.

합성함수를 정의할 수 있는 '존재조건'을 알아볼게요. 합성함수를 만들기 위해서는 특별한 조건을 만족해야 합니다.

> 함수 f의 치역이 함수 g의 정의역의 부분집합이면, 합성함수 $g \circ f$를 정의할 수 있다.

혹시 이해할 수 있나요?

'f의 치역'은 함숫값 $f(x)$를 원소로 하는 집합이고, 'g의 정의역'은 집합 Z를 말하는 거예요. 따라서 $f(x)$는 Z의 원소가 되어야 한다는 말입니다.

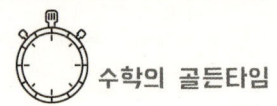

 **역함수의 정의와 존재조건**

역함수는 먼저 '존재조건'을 이해하는 것이 공부에 도움이 되는데요. 하나의 함수라 하더라도 'x 값의 범위'에 따라 역함수가 존재할 수도 있고, 존재하지 않을 수도 있습니다.

> 함수 $f : X \to Y$가 '일대일대응'이면 'Y의 임의의 원소 y에서 $f(x)=y$인 X의 원소 x가 오직 하나 존재'한다. 그러므로 Y를 정의역, X를 공역으로 하고, Y의 원소 y에 $f(x)=y$인 X의 원소 x가 대응하는 새로운 함수를 정의할 수 있다.

역함수는 '일대일대응'을 만족하는 함수 또는 구간에서 정의할 수가 있는데요. 어떤 함수가 일대일대응을 만족할 때만 역함수가 존재합니다.

> 이 새로운 함수를 함수 f의 역함수라고 하고, 이것을 기호로 f^{-1}와 같이 나타낸다. 즉, $f^{-1} : Y \to X$, $x=f^{-1}(y)$이다.

'일대일대응'은 합성함수도 가능하고, 역함수도 가능한 함수입니다. 저는 함수를 설명할 때 주로 자판기를 예로 드는데요. 자

6부 수학의 골든타임

판기는 함수 중에서도 일대일대응을 설명하기에 적합하고, 중학생들에게 함수개념을 이해시키는데 많은 도움이 됩니다.

고등학생에게 일대일대응을 설명할 때는 '사다리타기_{Ladder Game}'를 예로 듭니다. 누구나 한 번쯤은 사다리타기를 해봤을 거예요. 하지만 사다리타기 속에 숨겨져 있는 '일대일대응'의 원리를 발견하는 아이들은 거의 없습니다!

'가로선의 개수에 상관없이 항상 일대일대응이 됩니다!'

수학영재들을 대상으로 수업 할 경우에는 변형 사다리타기, 즉 '점프_{Jump} 사다리타기'의 수학적 성질을 탐구하기도 하는데요. 점프 사다리타기도 역시 항상 일대일대응이 됩니다. 점프 사다리타기에 대한 내용은 제가 쓴 책 《수학캠프》를 참고해주시기 바랍니다.

• • •

사다리타기가 항상 일대일대응이 되는 이유는?

사다리타기는 가로선의 개수에 상관없이 항상 일대일대응이 되는데요. 그 이유를 말할 수 있는지요? 만약에 정확한 답변을 할 수 있다면, 대단히 뛰어난 수학실력과 탐구능력을 가지고 있다고 할 수 있습니다.

예를 들어 볼게요!

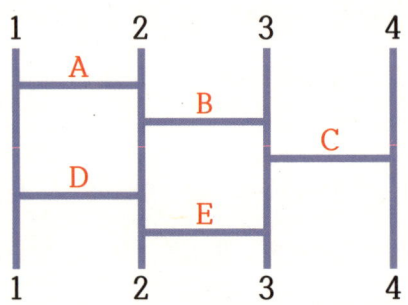

세로선 4개, 가로선 5개인 사다리가 있습니다. 사다리는 '세로선'과 '가로선'으로 구성되어 있는데, 세로선과 가로선의 수학적 의미를 이해하면, 질문에 답을 할 수 있습니다.

결론부터 말씀드리면, 사다리타기에서 가로선은 각각이 '일대일대응'입니다. 사다리에서 5개의 가로선을 위에서부터 차례대로 A, B, C, D, E라 정의해보죠. 그러면 세로선 {1, 2, 3, 4}를 정의역과 치역으로 하는 일대일대응 A, B, C, D, E를 그림과 같이 나타낼 수 있습니다.

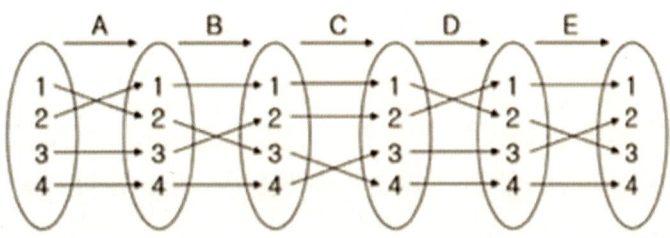

6부 수학의 골든타임

고2 – 미분과 적분

연계단원

미분과 적분 – 다항함수의 미분과 적분

데카르트가 만든 좌표평면이 '수학의 꽃'이라면, 고등학교 2학년에서 배우는 미분과 적분은 '수학의 열매'라고 할 수 있습니다. 좌표평면은 죽은 줄로만 알았던 수학, 특히 기하학에 새로운 생명을 불어넣었습니다. 그리곤 해석기하학이라는 예쁜 꽃을 피워 수학의 아름다움을 세상에 알렸고, 미분과 적분이라는 맛있는

 수학의 골든타임

수학 열매를 만들어 다양한 과학 분야에 풍부한 영양분을 제공했습니다.

· · ·

미분과 적분은 다양한 과학 분야에
풍부한 영양분을 제공하는 수학의 열매입니다!

미분과 적분은 '수학의 필요성'과 '수학이 가진 힘'을 함께 느낄 수 있는 핵심적인 수학 개념이라고 할 수 있는데요. 미분과 적분만큼은 시험을 위한 입시 위주의 교육이 아니라, 의미와 가치를 이해하는데 중점을 두면서 수업과 학습이 이뤄져야 한다고 생각합니다.

 **적분(구분구적)**

적분(구분구적)의 역사는 4000여 년 전의 고대 메소포타미아 문명까지 거슬러 올라갑니다. 구분구적은 메소포타미아뿐만 아니라 고대 이집트 문명, 인더스 문명, 중국 문명 등 세계 4대 문명 모두에게서 발견됩니다.

넓이를 구할 수 있는 평면도형은 생각보다 적습니다. 수학영재들 중에서도 "직사각형 모양으로 만들 수 있는 평면도형만 넓이를 계산할 수 있다."는 사실을 아는 아이들은 거의 없습니다. 평면도형 중에서는 '삼각형', '정사각형', '직사각형', '마름모', '평행사변형', '사다리꼴' 정도만 넓이를 계산할 수 있는데요. 모두 직사각형 또는 직사각형의 일부로 표현할 수 있는 도형들입니다. 곡선$_{Curve}$으로 둘러싸인 '원$_{Cycle}$'도 부채꼴로 세분한 후에, 직사각형 모양으로 재배열하여 계산했던 거고요.

'구분구적'은 곡선으로 둘러싸인 평면도형의 넓이를 계산하는 방법으로, 인류문명이 발생한 곳에서는 어김없이 비슷한 개념을 사용했습니다.

• • •

땅의 넓이를 알아야
그에 맞는 세금을 걷을 수 있잖아요!

다시 말해서, 구분구적은 영원불변의 성질을 탐구하기 위해 만든 개념이 아니라, 개인의 재산이나 세금문제의 해결을 위해 땅의 넓이를 측정하고자 만든 겁니다. 따라서 정확하지 않아도 되었고, 비슷하기만 해도 충분했습니다.

"그래도 계산이 복잡하지 않고, 근삿값이면 좋겠어요!"

곡선으로 둘러싸인 땅의 넓이를 계산할 때, 계산이 간단하면서도 그 값이 거의 비슷하면 얼마나 좋겠습니까?!

• • •

계산이 편리할 것!

계산 결과가 넓이의 근삿값일 것!

  구분구적을 이해하기 위해서는 '직사각형'이 '넓이' 개념의 기초가 된다는 것을 알아야 하는데요. 곡선으로 둘러싸인 평면도형을, 넓이를 계산할 수 있는 직사각형으로 '분할'하는 방식으로 구분구적을 만든 겁니다.

• • •

넓이의 계산 → 직사각형 모양

계산의 편리성 → 균등분할

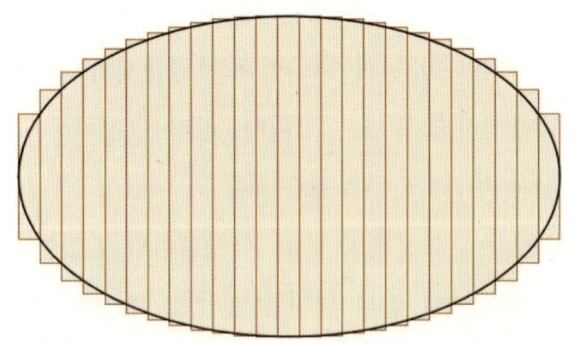

6부 수학의 골든타임

직사각형으로 세분하기 위해서는 일정한 간격으로 세로선만 그으면 됩니다. 그리고 모든 직사각형의 가로의 길이는 같기 때문에 넓이를 계산하기도 편리하고요.

· · ·

(도형의 넓이)
= (가로의 길이) × (모든 직사각형의 세로의 길이의 합)

넓이의 오차를 줄이는 방법도 매우 간단합니다. 가로의 길이를 더 작게 세분하면 되니까요.

정적분개념은 17세기 이후 뉴턴과 라이프니츠에 의해 '미분 Differentiation'이 만들어진 이후에 '미분의 역逆' 관계로 정의한 것으로, 그 역사는 미분의 역사와 같다고 볼 수 있습니다.

 미분 ———•

미분개념은 그 자체만으로도 큰 의미가 있지만, 다른 분야로의 확장성은 타의 추종을 불허합니다. 경제학, 사회과학, 물리학, 우주공학 등 미분은 거의 모든 분야에서 사용되고 있는데요. 여기서는 고등학교에서 배우는 미분개념을 중심으로 설명을 하겠습니다.

 수학의 골든타임

고등학교에서는 매우 다양한 함수와 그 그래프를 배우게 되는데요. 일차함수를 제외한 모든 함수는 '곡선'입니다. 이와 같이 곡선으로 그려지는 함수의 그래프가 가지는 성질을 찾는데, '미분'이 핵심적인 역할을 합니다.

・・・

미분이 없으면 곡선으로 이뤄진 다양한
함수의 그래프를 그리기 어렵습니다.

단순히 그래프를 그리는 것에 멈추지 않고, 함수의 그래프가 가지는 특징, 즉 그래프의 '극대점', '극소점', '변곡점', '증가상태', '감소상태' 등을 미분을 통해서 정확하게 알아낼 수 있습니다.

다항함수의 미분에서 출발하여 유리함수와 무리함수, 지수함수와 로그함수, 그리고 삼각함수까지 거의 모든 함수를 미분할 수 있는데요. 미분을 통해 함수의 성질을 찾고, 이를 이용해서 복잡한 함수의 그래프를 그릴 수 있습니다.

미분계산은 그렇게 어렵지 않습니다. 몇 개의 미분공식만 외우고 있으면, 거의 모든 함수를 미분할 수 있거든요. 그런데 미분에서도 입시 위주 교육의 폐단은 존재합니다. 미분은 과학에 무한한 영양분을 제공하는 수학의 열매와 같다고 했잖아요. 미분이 없으면, 현대과학도 불가능하다고 볼 수 있습니다. 다시 말해서, 미분을 통해서 아이들에게 수학의 가치와 힘을 가르칠 수 있는 겁니다. 하지만, 현실은 참으로 암담합니다.

고려대 수학교육과 교수님이 신입생을 선발하기 위한 면접에서 겪은 이야기를 해볼게요.

• • •

미분이 뭐예요?

여러 개의 면접문항 중 하나였는데요. 최상위권의 학업능력을 가지고 있는 지원자들이기 때문에, 거의 모든 학생들이 정답을 말할 거라 예상했다고 하더군요. 수학교육과에 지원하는 학생들이니 미분계산을 얼마나 잘하겠어요!
"미분이 무엇입니까?"
그런데~ 면접을 하면서 충격을 받았다고 합니다. 10명 중에서 8명 정도가 미분이 무엇인지 제대로 답하지 못했기 때문인데요. 당황해서 말을 못하다가, 미분공식을 말하는 학생들도 많았다고 합니다.

• • •

중·고등학교의 교육이 심각하게 왜곡되어 있군요!

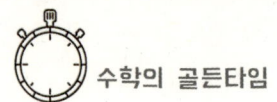

그 교수님의 결론입니다. 동의하실 거예요.

미분을 공부하는 학생이라면, 당연히 자신이 공부하고 있는 '미분이 무엇인가?'에 대한 답을 알고 있어야 합니다. 그것이 교육의 중요한 목표이어야 하고요. 그런데 정작 미분이 무엇인지도 모른 채, 어려운 미분계산을 기계적으로 반복했던 겁니다.

혹시 이 책을 읽고 있는 독자는 미분이 무엇인가에 대한 답을 말할 수 있는지요? 만약 이에 대한 답을 할 수 있다면 수학 공부를 제대로 한 겁니다! 미분이 무엇인지 궁금한 분들은 잠시 기다려주세요. 미분을 만든 뉴턴과 라이프니츠에 관한 설명 중에 이에 대한 답을 얻을 수 있을 거예요.

 **뉴턴과 라이프니츠의 미분 논쟁**

수학사에서 수학 개념을 만든 '최초 개발자'에 대한 논쟁으로 유명한 두 사건이 있습니다. 두 사건 모두 다른 사람의 업적을 가로채어, 마치 자기 것인 양 세상에 발표했다고 알려진 사건인데요. 아이들은 이처럼 수학사에 숨겨진 뒷얘기를 정말 좋아합니다. 완벽하고 모순이 없어서 비인간적으로만 보이는 수학자들도, 사실은 서로 싸우고 다투기도 하는 평범한 사람들이라는 걸 알게 되거든요.

두 논쟁은 '삼차방정식의 근의 공식', '미분'과 관련된 사건인데요. 두 사건은 본질적인 차이가 있습니다.

• • •

16세기 타르탈리아와 카르다노의
'삼차방정식의 근의 공식' 논쟁
&
17세기 뉴턴과 라이프니츠의 '미분' 논쟁

결론부터 말씀드릴게요.

16세기 '삼차방정식의 근의 공식'은 타르탈리아Tartaglia(1499~1557)가 자신이 발견한 삼차방정식의 근의 공식을 카르다노Cardano에게 가르쳐 주었는데, 카르다노가 먼저 발표하지 않겠다는 약속을 어기고 1545년에 자신의 책에서 먼저 발표해 버린 사건입니다. 명확하게 카르다노가 타르탈리아의 업적을 훔친 거예요!

반면에 뉴턴과 라이프니츠의 미분 논쟁은 사건의 개요가 좀 다릅니다. 이에 대한 정확한 이야기는 제가 쓴 책 <<수학을 알면 보이는 세계 IDEA>>를 참고해 주시고요. 여기서는 사건의 내용만 간단히 설명하겠습니다.

미분은 뉴턴과 라이프니츠에 의해 거의 비슷한 시기에, 서로 다른 목적으로 만들었습니다.

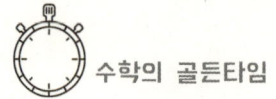

[아이작 뉴턴(Isaac Newton)]　　[라이프니츠(Gottfried Leibniz)]

　　뉴턴과 라이프니츠 사이에 발생한 미분 논쟁은 뉴턴의 소심한 성격과도 관련이 있는데요. 뉴턴은 미분개념을 만들어 놓고도 발표를 계속 미뤘습니다. 아주 가까운 지인 몇 명에게만 자신이 만든 미분을 보여 주었고요. 뉴턴이 발표를 미루는 사이에 미분개념을 세상에 먼저 발표한 사람은 독일의 수학자 '라이프니츠'였습니다.

　　하지만 뉴턴이 라이프니츠보다 먼저 미분개념을 만든 것은 사실입니다. 세상에 발표하는 것을 미뤘지만, 뉴턴이 만든 미분개념을 직접 본 사람들이 있으니까요. 사실은 라이프니츠도 뉴턴의 미분을 본 사람들 중의 한 명입니다.

　　라이프니츠가 미분개념을 발표하자마자, "라이프니츠가 뉴턴의 미분을 훔쳤다!"는 비판이 쏟아졌고, "누가 먼저 미분을 만들었는가?"에 대한 논쟁이 시작되었습니다.

6부 수학의 골든타임

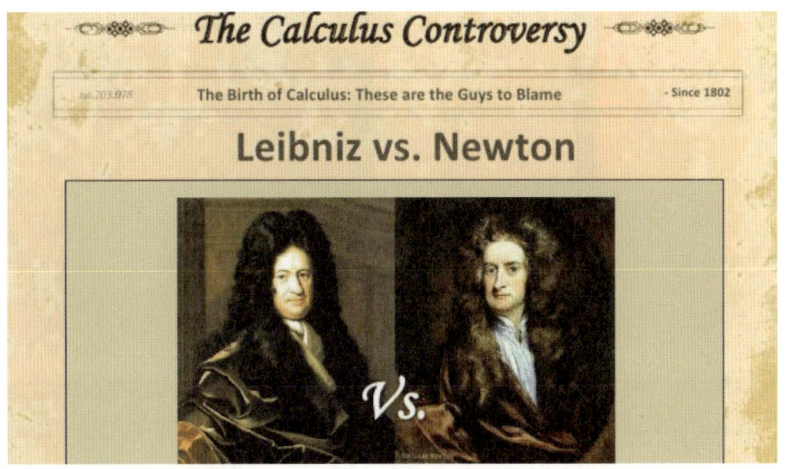

[뉴턴과 라이프니츠의 논쟁을 소개한 수학잡지]

논쟁의 결론을 먼저 말씀드리면, 당시에는 뉴턴이 이겼습니다. 뉴턴은 세계 최강의 국력으로 해가 지지 않는 대영제국을 건설했던 영국인이었고, 막강한 권위를 가지고 있던 영국왕립학회의 회장이었습니다. 이 논쟁의 진위를 판단한 곳이 바로 영국왕립학회였고요. 라이프니츠는 끝까지 미분개념을 자신이 만들었다고 주장하다가, 몇 년 후 쓸쓸한 죽음을 맞이했습니다.

하지만 현재 대부분의 수학자들은, 뉴턴과 라이프니츠가 각자 독창적인 아이디어로 미분개념을 창안했다고 인정하고 있습니다. 뉴턴과 라이프니츠는 각각 물리학자와 수학자로, 미분을 통해 해결하고자 하는 문제가 달랐거든요.

늦게라도 라이프니츠의 업적이 인정을 받아서 다행이라고 생

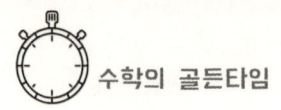

각합니다. 간단하게 두 사람이 미분을 만든 목적과 독창적인 표현방법만 설명할게요.

> 뉴턴의 미분:
> 움직이는 물체의 '순간속력'
> $$\lim_{\Delta t \to 0} \frac{f(t+\Delta t)-f(t)}{\Delta t} = f'(t)$$
>
> 라이프니츠의 미분:
> 곡선인 그래프 위의 한 점에서의 '접선의 기울기'
> $$\lim_{h \to 0} \frac{f(x+h)-f(x)}{h} = f'(x)$$

물리학자였던 뉴턴은 움직이는 물체의 '순간속력'에 관심을 가지고 있었고, 수학자였던 라이프니츠는 곡선인 그래프 위의 한 점에서의 '접선'에 관심을 가졌던 거예요. 처음부터 목적과 관심사가 달랐다는 걸 알 수 있습니다.

저는 아이들이 미분을 배우면서, 뉴턴과 라이프니츠에 얽힌 이야기를 좀 더 자세하게 공부할 기회가 주어졌으면 좋겠습니다.

"미분은 뉴턴이 만든 거야!"

"뉴턴은 천재니까 미분을 만들 수 있는 거 아냐?!"

학원은 말할 것도 없고 현재의 학교에서도, 미분은 천재인 뉴턴이 어느 날 갑자기 뚝딱하고 만든 것처럼 설명하고 있습니다. 뉴턴은 천재니까, 별다른 고민이나 노력 없이도 미분 정도는 하루아침에 만들 수 있는 거잖아요.

하지만, 미분개념은 고대 그리스시대에도 있었습니다. '제논의 역설Zeno's Paradox'에서 극한개념과 순간 속력에 관한 개념들을 찾아볼 수 있거든요. 단지, 미분개념을 모든 수학자들이 인정할 수 있을 만큼 논리적으로 정의하거나, 설명하지는 못했습니다.

뉴턴과 라이프니츠가 해결하고자 했던 문제는 다음과 같습니다.

・・・

뉴턴의 고민:
움직이는 물체가 특정한 지점을
지날 때의 순간 속력을 구할 수는 없을까?

라이프니츠의 고민:
곡선 위의 한 점에서의 접선의 방정식을 구할 수는 없을까?

뉴턴이나 라이프니츠 모두, 자신이 평생을 바쳐서 연구하던 문제를 해결하기 위한 방법을 찾고 있었던 겁니다. 미분을 배우는 아이들이 뉴턴과 라이프니츠가 가졌던 고민을 생각해봤으면 좋겠습니다. 뉴턴과 라이프니츠의 문제를 해결하기 위한 방법을 직접 찾아보는 겁니다. 결국에는 뉴턴과 라이프니츠가 만든 미분이

유일한 해결방법이었음을 발견하게 될 건데요. 이런 경험을 통해서 미분의 의미와 가치에 대해 충분히 이해할 수 있을 것입니다.

"미분이 무엇입니까?"

뉴턴과 라이프니치의 고민을 함께 했던 아이라면, 1초의 망설임도 없이 이렇게 답변을 했을 겁니다!

. . .

뉴턴의 관점에서 말씀드릴까요?
아니면 라이프니츠의 관점에서 말씀드릴까요?

---

1) 출처 : https://cafe.naver.com/gruu/309343(기출문제멘토 쫑이)
2) 출처 : https://cafe.naver.com/gruu/309343(기출문제멘토 쫑이)
3) 출처 : 두산교과서